Die Entropie-Diagramme der Verbrennungsmotoren

einschließlich der Gasturbine

Von

Dipl.-Ing. **P. Ostertag**

Professor am Kantonalen Technikum
in Winterthur

Zweite, umgearbeitete Auflage

Mit 16 Textabbildungen

Berlin
Verlag von Julius Springer
1928

ISBN-13: 978-3-642-90217-8   e-ISBN-13: 978-3-642-92074-5
DOI: 10.1007/978-3-642-92074-5

Vorwort.

Die vorliegende zweite Auflage der Schrift über die „Entropie-Diagramme der Verbrennungsmotoren" ist auf Anraten der Verlagsbuchhandlung sowie zahlreicher Freunde aus der Praxis verfaßt worden. Eine durchgreifende Änderung des Stoffes hat nicht stattgefunden; dagegen haben sich Ergänzungen und Erweiterungen als zweckmäßig gezeigt. Für alle Aufgaben ist wieder möglichste Einfachheit der Rechnung und klare Darstellung grundlegend geblieben.

Die im ersten Teil erläuterten Grundbegriffe über das Verhalten von Gasmischungen und über die Verbrennung werden im zweiten Teil benutzt, um die Vorbestimmung der Verbrennungsmotoren mit hin- und hergehenden Kolben unter verschiedenen Bedingungen zu zeigen. Als bequemes Hilfsmittel hierzu dient die Gasentropietafel, die Stodola für die Berechnung der Gasturbine entworfen hat. Es wird in vorliegender Arbeit gezeigt, daß sich diese Darstellungsart auch verwenden läßt, um die Prozesse der Kolbenverbrennungsmotoren mit ihren neuzeitlichen Abarten zu behandeln. Damit ist für diese Motorengattung eine einheitliche Berechnungsart geschaffen, und zwar mit demselben Hilfsmittel, das sich bei der Berechnung der Dampfturbine, der Kompressoren und der Kälteanlagen als unentbehrlich bewiesen hat.

Der dritte Teil enthält die Berechnung der Gasturbine; besonderes Gewicht ist auf die Behandlung der Gleichdruckturbine gelegt. Es wird gezeigt, daß die Lebensfähigkeit dieser Bauart davon abhängt, ob die Ladung mit genügend kleinem Arbeitsaufwand auf hohen Druck verdichtet werden kann. Die vom Verfasser vorgeschlagene Lösung besteht darin, den Kompressor zur Verdichtung der Ladung von einem besonderen Motor aus anzutreiben, dessen Wärmeausnutzung besser ist als bei der Gasturbine. Damit soll eigentlich nur gezeigt werden, daß die Wirtschaftlichkeit der Turbine von den Kosten abhängt, die zur Beschaffung der Druckluft aufgewendet werden müssen. Bei der Auswertung der Beispiele bietet sich Gelegenheit auf die Schwierigkeiten aufmerksam zu machen, die sich dem Gasturbinenproblem bis heute entgegengestellt haben, damit sich die zahlreichen Erfinder der Bedeutung der zu lösenden Aufgabe bewußt werden und künftigen Enttäuschungen zu entrinnen vermögen.

In einem letzten Teil werden einige Sonderprobleme erwähnt. Im Vordergrund steht das für Dieselmotoren mit Erfolg eingeführte Aufladeverfahren, bei dem eine Abgasturbine benutzt wird, um die Ladeluft zu verdichten, bevor sie in die Arbeitszylinder eintritt.

Winterthur, Juli 1928.

P. Ostertag.

Inhaltsverzeichnis.

I. Grundbegriffe aus der technischen Wärmelehre.

1. Einleitung.

Die Verbrennungsmotoren mit hin- und hergehendem Kolben besitzen im Indikator ein vortreffliches Hilfsmittel, um den Druckverlauf im Zylinder während des Betriebes zu beobachten. Dieses schon von James Watt an seiner Dampfmaschine benützte Gerät gibt uns nicht nur die an den Kolben übertragene Arbeit, sondern mit ihm kann der Einfluß der Steuerung auf den Prozeß erkannt werden, insbesondere läßt sich die Wirkung der Verbrennung auf den Druckverlauf verfolgen.

Dagegen ist der Verlauf der Temperatur höchstens auf umständlichen Umwegen zu erfassen und die Wärmeübergänge können nicht dargestellt werden; für umlaufende Verbrennungsmotoren (Gasturbinen) ist der Indikator überhaupt nicht verwendbar.

Soll der Kreisprozeß für eine zu entwerfende Maschine angenommen werden, so geschieht dies gewöhnlich mit Hilfe des Druck-Volumendiagrammes, wobei die Linien für Expansion und Kompression nach der Gleichung

$$p \cdot v^m = \text{konst.}$$

gezeichnet werden. Hierin wird als Exponent m ein unveränderlicher Mittelwert eingesetzt, obschon diese Zahl stark veränderlich ist. Will man den thermischen Wirkungsgrad nach dieser Methode berechnen, so weichen die Ergebnisse von den tatsächlichen Verhältnissen erheblich ab; sie können zu einer Gewährleistung nicht benützt werden, höchstens zu Vergleichen der unter verschiedenen Voraussetzungen sich vollziehenden Prozesse.

Verschiedene Gründe bedingen das abweichende Verhalten solcher Rechnungen gegenüber den Meßergebnissen am Versuchsstand. Man rechnet gewöhnlich mit unveränderlicher spezifischer Wärme, obschon die Abweichungen bei den vorkommenden hohen Temperaturen nicht unbedeutend sind. Der Energieträger hat nach der Verbrennung nicht dieselbe Zusammensetzung wie vor derselben; das Gas erleidet durch den chemischen Vorgang eine Raumverminderung, die meist unberück-

sichtigt bleibt. Auch der Einfluß der Wandungen auf den Wärme-
übergang kann nur in roher Annäherung Berücksichtigung finden.

Will man die Verhältnisse genauer verfolgen, so zeigt sich das rein
rechnerische Verfahren zeitraubend und wenig übersichtlich, dagegen
führt der Entropie-Begriff und seine zeichnerische Darstellung zu
einer ungemein klaren und raschen Lösung, selbst bei verwickelten
Problemen. Damit können die Vorgänge in den Verbrennungsmotoren
in ähnlicher Weise behandelt werden, wie diejenigen in der Dampfturbine, im Kompressor oder in der Kälteanlage und es ist ein einheit-
liches Mittel geschaffen für die Darstellung dieser verschiedenen thermischen Umsetzungen.

Zum Verständnis der eigentlichen Aufgabe erscheint es zweckmäßig,
zuerst einige Grundbegriffe aus der technischen Wärmelehre in das
Gedächtnis zurückzurufen, auf denen sich die Anwendungen auf-
bauen.

2. Das Kilogramm-Molekül (Mol).

Für die Betrachtung der einzelnen Phasen eines Kreisprozesses ist
die umlaufende Gasmenge belanglos, ebenso für die Berechnung des
Wirkungsgrades. Man kann daher die Arbeiten und die Wärmemengen
auf 1 kg des Gases oder auf 1 m³ der einströmenden Menge beziehen.
Erst bei der Berechnung der Leistung und des stündlichen Wärmebedarfes
ist das Gewicht des Energieträgers zu berücksichtigen, das in derselben
Zeit am Vorgang teilnimmt. Durch diese Zahl ist die Größe der Anlage
bedingt.

Wie aus dem Nachfolgenden ersichtlich ist, hat sich als besonders
zweckmäßig gezeigt, die Zahlenwerte für die Wärmen und für die
Arbeiten nicht auf 1 kg des Stoffes zu beziehen, sondern auf eine Menge,
die soviel Gewichtseinheiten aufweist, als das Molekulargewicht des
Gases Einheiten besitzt. Man nennt diese Menge „ein Kilogramm-
Molekül" oder abgekürzt „1 Mol".

Ein Vorteil in der Einführung dieses Begriffes zeigt sich schon bei
der allgemeinen Zustandsgleichung der vollkommenen Gase

$$p\,v = R\,T. \tag{1}$$

Diese Gleichung bezieht sich auf 1 kg Gas, d. h. es bedeutet v das
Volumen von 1 kg (spezifisches Volumen), p der Druck in kg/m² und
$T = 273 + t$ die absolute Temperatur. Statt des spezifischen Volumens
wird häufig das spezifische Gewicht $\gamma = 1/v$ benützt.

Multipliziert man diese Gleichung mit dem Molekulargewicht m
des Gases, so heißt sie

$$p\,(m\,v) = (m\,R)\,T.$$

Hierin bedeutet $(m\,v)$ das Volumen von m kg des Gases oder kurz das
Volumen von „1 Mol".

Benützen wir das Gesetz von Avogadro, wonach sich die Gewichte verschiedener Gase bei derselben Temperatur und bei demselben Druck wie die Molekulargewichte verhalten, so ist für zwei Gase

$$\frac{\gamma}{\gamma_0} = \frac{m}{m_0} = \frac{v_0}{v}$$

oder

$$m_0\, v_0 = m\, v = \text{konst.},$$

für alle Gase ist $m\,R = \text{konst.} = 848$.

Bezieht man das Volumen auf 1 Mol, so heißt die Zustandsgleichung für alle Gase

$$p\,(mv) = 848 \cdot T. \tag{2}$$

Setzen wir z. B. $p = 10000 \text{ kg/m}^2 \text{ (1 at)}$,

$$T = 273 + 27 = 300^0 \text{ C},$$

so ist für alle Gase $(mv) = 848 \cdot 300 / 10000 = 25{,}44 \text{ m}^3/\text{Mol}$.

Dieser Raum wird eingenommen von 2 kg Wasserstoff, von 32 kg Sauerstoff, von 44 kg Kohlensäure, von 28 kg Stickstoff usw.

Nun müssen wir diesen neuen Begriff auch auf ein Gemisch mit verschiedener Gasarten ausdehnen, wenn er benutzbar sein soll, denn die Energieträger aller Verbrennungsmotoren bestehen aus solchen Gemischen. Zu diesem Zweck benötigt man einen Mittelwert des Molekulargewichtes der Mischung.

Nehmen wir an, das Volumen V einer Mischung enthalte die Bestandteile V_1, V_2, V_3, es sind dies die Volumen, die jeder Bestandteil für sich bei gleichem Druck und gleicher Temperatur einnehmen würde, dann ist für 1 kg der Mischung

$$V = V_1 + V_2 + V_3,$$

ebenso ist für 1 Mol der Mischung

$$mV = m_1 V_1 + m_2 V_2 + m_3 V_3.$$

Man nennt m das scheinbare Molekulargewicht der Mischung, da diese Größe in der Zustandsgleichung dieselbe Rolle spielt wie das Molekulargewicht eines Elementes oder einer Verbindung. Man erhält dieses Gewicht aus

$$m = m_1 \left(\frac{V_1}{V}\right) + m_2 \left(\frac{V_2}{V}\right) + m_3 \left(\frac{V_3}{V}\right); \tag{3}$$

hierin bedeuten V_1/V, V_2/V usw. die gegebenen Volumenverhältnisse der Mischung.

Sind statt der Volumenverhältnisse die Gewichtsverhältnisse einer Mischung gegeben, so berechnet sich das scheinbare Molekulargewicht aus der Tatsache, daß die Mol-Zahl der Mischung gleich der Summe der Mol-Zahlen ihrer Bestandteile ist. Damit erhält man

$$G/m = G_1/m_1 + G_2/m_2 + G_3/m_3,$$

wobei

$$G = G_1 + G_2 + G_3,$$

daher ist

$$m = \frac{G_1 + G_2 + G_3}{G_1/m_1 + G_2/m_2 + G_3/m_3}.$$

Setzt man zur Abkürzung

$$n_1 = G_1/m_1; \qquad n_2 = G_2/m_2; \qquad n_3 = G_3/m_3,$$

so ist

$$m = \frac{n_1\,m_1 + n_2\,m_2 + n_3\,m_3}{n_1 + n_2 + n_3}. \tag{4}$$

Man kann aus den gegebenen Volumenverhältnissen die Gewichtsverhältnisse berechnen oder umgekehrt, denn es ist

für die Einzelgase $\quad p\,V_1 = G_1\,R_1\,T; \qquad p\,V_2 = G_2\,R_2\,T,$

für die Mischung $\quad p\,V = G\,R\,T;$

hieraus ergeben sich die Beziehungen

$$\frac{G_1}{G} = \left(\frac{V_1}{V}\right)\frac{R}{R_1}; \qquad \frac{G_2}{G} = \left(\frac{V_2}{V}\right)\frac{R}{R_2} \quad \text{usw.} \tag{5}$$

Für trockene Luft und ihre Bestandteile Sauerstoff und Stickstoff gelten folgende Werte

	Sauerstoff	Stickstoff
Gewichtsverhältnis	$\frac{G_1}{G} = 0{,}236,$	$\frac{G_2}{G} = 0{,}764,$
Gaskonstante	$R_1 = 26{,}5,$	$R_2 = 30{,}26,$
Molekulargewicht	$m_1 = 32,$	$m_2 = 28.$

Damit folgt für die Volumenverhältnisse

Sauerstoff $\qquad \dfrac{V_1}{V} = \dfrac{0{,}236 \cdot 26{,}5}{29{,}27} = 0{,}213,$

Stickstoff $\qquad \dfrac{V_2}{V} = \dfrac{0{,}764 \cdot 30{,}26}{29{,}27} = 0{,}787.$

In 100 Teilen trockener Luft sind demnach 21,3 Volumteile oder 23,6 Gewichtsteile Sauerstoff enthalten.

3. Spezifische Wärme.

Für den zahlenmäßigen Betrag einer Wärmemenge ist die spezifische Wärme maßgebend; man versteht darunter im allgemeinen diejenige Wärme, die gebraucht wird um 1 kg des Stoffes um 1° C zu erwärmen. Bei Gasen und Dämpfen kann diese Wärme verschiedene

Werte annehmen, je nach der Art der Zustandsänderung während der Erwärmung. Von diesen Möglichkeiten sind zwei von besonderer Wichtigkeit, nämlich die Erwärmung bei konstantem Volumen (c_v) und die Erwärmung bei konstantem Druck (c_p).

Für die nachfolgenden Entwicklungen zeigt es sich als zweckmäßig, diese spezifischen Wärmen nicht auf 1 kg, sondern auf m kg zu beziehen, d. h. auf 1 Mol (Molekularwärme). Man erhält damit den Vorteil, daß eine ganze Gruppe von Gasen dieselbe spezifische Wärme aufweist, nämlich alle sog. zweiatomigen Gase, ferner die Luft.

Zahlreiche neuere Versuche haben gezeigt, daß die spezifische Wärme von der Temperatur abhängig ist und zwar, daß sie mit wachsender Temperatur zunimmt. Für die nachstehende Verwendung genügt es, die lineare Zunahme zu berücksichtigen nach der Gleichung

$$m\,c_v = a + b\,T. \tag{6}$$

Hierin kann für alle Gase annähernd gesetzt werden

$$a = 4{,}67.$$

Bezüglich der Konstanten b lassen sich die Gase der Verbrennungsprodukte in 3 Gruppen einteilen und zwar ist[1]

$$\text{für zweiatomige Gase (und Luft)} \quad b_1 = 0{,}001,$$
$$\text{für Kohlendioxyd } (CO_2) \quad b_2 = 0{,}0044,$$
$$\text{für Wasserdampf } (H_2O) \quad b_3 = 0{,}0029.$$

Bei Kohlensäure und Wasserdampf haben genauere Untersuchungen ergeben, daß die Gleichung der spezifischen Wärme noch ein Glied mit T^2 erhalten muß; nun überragen aber die zweiatomigen Gase in den Mischungen der Verbrennungsgase derart, daß dieses Glied mit genügender Genauigkeit weggelassen werden kann. Die Zahlenwerte a und b sind so gewählt, daß die damit berechneten Wärmen annähernd dieselben sind wie diejenigen, die mit den wirklichen spezifischen Wärmen erhalten werden.

Der Zusammenhang zwischen der spezifischen Wärme c_p bei konstantem Druck und derjenigen c_v bei konstantem Volumen ist gegeben durch die Gleichung

$$c_p = c_v + A R \tag{7}$$

oder für 1 Mol

$$m\,c_p = m\,c_v + (m\,R)\,A,$$

worin

$$m\,R \cdot A = 848/427 = 1{,}98.$$

Die Verbrennungsgase bestehen aus einer Mischung der drei genannten Gruppen, deren Bestandteile bekannt sein müssen oder zu

---

[1] Siehe Stodola: Dampf- und Gasturbinen. V. Auflage. Berlin: J. Springer.

berechnen sind. Für diese Mischung ist die Konstante b zu bestimmen, um die spezifische Wärme zu kennen. Benutzen wir die Tatsache, daß die Wärme einer Mischung sich aus der Summe der Wärmen der einzelnen Bestandteile zusammensetzt und nehmen wir als Temperaturerhöhung 1^0 C an, so läßt sich schreiben

$$c\,G = c_1\,G_1 + c_2\,G_2 + c_3\,G_3\,,$$

worin

$$G = G_1 + G_2 + G_3\,,$$

hieraus ist

$$(m\,c)\,G\,/\,m = (m_1\,c_1)\,G_1\,/\,m_1 + (m_2\,c_2)\,G_2\,/\,m_2 + m_3\,c_3)\,G_3\,/\,m_3\,,$$

worin

$$G\,/\,m = G_1\,/\,m_1 + G_2\,/\,m_2 + G_3\,/\,m_3\,.$$

Setzen wir für die einzelnen Werte $m_1 c_1$, $m_2 c_2$, die Funktion nach Gleichung (6) ein, so erhalten wir die Gleichung für die spezifische Wärme

$$m\,c = a + \frac{b_1 \cdot G_1\,/\,m_1 + b_2 \cdot G_2\,/\,m_2 + b_3 \cdot G_3\,m_3}{G_1\,/\,m_1 + G_2\,/\,m_2 + G_3\,/\,m_3} \cdot T\,.$$

Die Konstante b der Mischung besitzt demnach den Wert

$$b = \frac{b_1 \cdot G_1\,/\,m_1 + b_2 \cdot G_2\,/\,m_2 + b_3 \cdot G_3\,/\,m_3}{G_1\,/\,m_1 + G_2\,/\,m_2 + G_3\,/\,m_3}$$

oder

$$b = \frac{b_1\,n_1 + b_2\,n_2 + b_3\,n_3}{n_1 + n_2 + n_3}\,. \tag{8}$$

4. Verbrennung, Luftbedarf, Raumverminderung.

Um den Bedarf an Luft zur vollkommenen Verbrennung von 1 kg Brennstoff zu berechnen (theoretische Luftmenge), muß zunächst die zum Oxydationsprozeß nötige Sauerstoffmenge bestimmt werden. Sie ergibt sich aus der chemischen Verbrennungsgleichung, wenn statt der chemischen Zeichen die zugehörigen Molekularwerte eingesetzt werden. Besteht der Brennstoff aus einem Gemisch verschiedener brennbarer Verbindungen oder Elementen, so muß deren Zusammensetzung bekannt sein; dann ergibt sich der Sauerstoffbedarf als Summe der Sauerstoffmengen, die jedes brennbare Element im Brennstoff benötigt. Die letztere Berechnungsart wird bei den Destillaten des Rohöles oder des Teeröles zu verwenden sein, ferner bei Gichtgas, Kraftgas usw.

Bei den gasförmigen Brennstoffen führt dieselbe Rechnung ohne weiteres zur Bestimmung der sog. Volumenkontraktion. Das in den Verbrennungsraum eingeführte Gemisch von Luft und brennbarem Gas erfährt nämlich durch die Verbrennung eine Raumverminderung, wenn man diese Stoffe vor und nach der Verbrennung auf gleichen Druck und gleiche Temperatur umrechnet.

Zu diesem Zweck ist nur nötig, das Gewichtsverhältnis, in dem sich der betreffende Stoff mit dem anderen verbindet, durch sein spezifisches Gewicht zu dividieren, um das zugehörige Raumverhältnis zu erhalten; die Unterschiede dieser Räume vor und nach der Verbrennung geben die Raumverminderung.

Im Nachfolgenden soll der Rechnungsgang an einer Anzahl einfacher und zusammengesetzter Brennstoffe gezeigt werden.

a) Feste und flüssige Brennstoffe.

1. Kohlenstoff ($C = 12$). Verbrennungsgleichung:

$$C + O_2 = CO_2$$
$$12 + 32 = 44,$$

1 kg Kohlenstoff braucht $\quad 32/12 = 8/3 = \quad 2{,}667$ kg Sauerstoff.

Zugehöriger Stickstoff $\quad \dfrac{2{,}667 \cdot 76{,}4}{23{,}6} = \quad 8{,}633$ kg

Theoretischer Luftbedarf auf 1 kg C: $\quad L_0 = \overline{11{,}3} \quad$ kg.

2. Schwefel ($S = 32$). Verbrennungsgleichung:

$$S + O_2 = SO_2$$
$$32 + 32 = 64,$$

1 kg Schwefel braucht 1 kg Sauerstoff.

3. Äthylalkohol ($C_2H_5OH = 46$) (Spiritus) Verbrennungsgleichung:

$$C_2H_5OH + 3\,O_2 = 2\,CO_2 + 3\,H_2O$$
$$46 + 3 \cdot 32 = 2 \cdot 44 + 3 \cdot 18,$$

1 kg reiner Spiritus braucht $3 \cdot 32/46 = 2{,}08$ kg Sauerstoff, damit einen theoretischen Luftbedarf von $L_0 = 2{,}08/0{,}236 = 8{,}82$ kg.

Dieser Brennstoff enthält $2 \cdot 12/46 = 0{,}52$ kg Kohlenstoff, $6 \cdot 1/46 = 0{,}13$ kg Wasserstoff und $16/46 = 0{,}35$ kg Sauerstoff. Aus diesen Elementen ergibt sich der Sauerstoffbedarf zu

$$0{,}52 \cdot 8/3 + 0{,}13 \cdot 8 - 0{,}35 = 2{,}08 \text{ kg}$$

wie oben.

4. Gasöl. Elementaranalyse (gegeben):

Stoff	C	H_2	$N + O$	S	H_2O
Gewichte	0,859 +	0,126 +	0,007 +	0,005 +	0,003 = 1 kg

Sauerstoffbedarf:

Verbrennung von C zu CO_2 (8/3 auf 1 kg): $2{,}667 \cdot 0{,}859 = 2{,}291$ kg,
„ „ H_2 „ H_2O (8 auf 1 kg): $8 \cdot 0{,}226 = 1{,}008$ „
„ „ S „ SO_2 (1 auf 1 kg): $1 \cdot 0{,}005 = 0{,}005$ „

Sauerstoff im Ganzen $ 3{,}304$ kg
Zugehöriger Stickstoff $76{,}4 \cdot 3{,}304/23{,}6 = 10{,}706$ „
Theor. Luftmenge auf 1 kg Gasöl $ L_0 = 14{,}010$ kg.

5. Torf. Zusammensetzung:

Stoff: C H_2 $\cdot$ S O N H_2O Asche
Gewichte: $29{,}96 + 3{,}06 + 0{,}09 + 19{,}06 + 0{,}18 + 45{,}14 + 2{,}51 = 100$ kg.

Sauerstoffbedarf:

Verbrennung von C zu CO_2: $2{,}667 \cdot 0{,}2996 = 0{,}7990$ kg
„ „ H „ H_2O: $ 8 \cdot 0{,}0306 = 0{,}2448$ „
„ „ S „ SO_2: $ 1 \cdot 0{,}0009 = 0{,}0009$ „

Sauerstoff im Ganzen $ = 1{,}0447$ kg
Zugehöriger Stickstoff $ 76{,}4 \cdot 1{,}0447/23{,}6 = 3{,}3800$ „
Theor. Luftmenge auf 1 kg Torf $ L_0 = 4{,}4247$ kg.

b) Gasförmige Brennstoffe.

5. Wasserstoff ($H_2 = 2$). Verbrennungsgleichung:

$$H_2 + O = H_2O$$
$$2 + 16 = 18,$$

1 kg Wasserstoff braucht $ 16/2 = 8$ kg Sauerstoff
Zugehöriger Stickstoff $ 8 \cdot 76{,}4/23{,}6 = 25{,}9$ „
Theor. Luftmenge auf 1 kg H $ L_0 = 33{,}9$ kg.

Das Wasser befindet sich in den Verbrennungsgasen als hochüberhitzter Dampf und kann deshalb als vollkommenes Gas angesehen werden; sein spezifisches Gewicht ist wie das der anderen Stoffe aus der Zustandsgleichung zu berechnen (siehe auch „Hütte", 25. Aufl., S. 470). Die folgenden spezifischen Gewichte gelten für $0^{\,0}$ und 760 mm Q.S.

Stoff	Spez. Gewicht	Gewichtsverhältnis	Volumverhältnis
Wasserstoff	0,0893	2	$2/0{,}0893 = 22{,}6$
Sauerstoff	1,429	16	$16/1{,}429 = 11{,}2$
Wasserdampf	0,803	18	$18/0{,}803 = 22{,}4$

1 m³ Wasserstoff braucht $11{,}2/22{,}6 = 0{,}495$ m³ Sauerstoff und ergibt $22{,}4/22{,}6 = 0{,}982$ m³ Wasserdampf (rund 1 m³); Raumverminderung $1{,}495 - 0{,}982 = 0{,}513$ m³ auf 1 m³.

6. **Kohlenoxyd** $(CO = 28)$. Verbrennungsgleichung:

$$CO + {}^1/_2 O_2 = CO_2$$
$$28 + 16 \quad = 44 \, ,$$

1 kg Kohlenoxyd braucht $16/28 = 0{,}572$ kg Sauerstoff, damit $L_0 = 2{,}422$ kg Luft. Ferner ist

Stoff	Spez. Gewicht	Gewichts-verhältnis	Volumverhältnis
Kohlenoxyd	1,250	28	$28/1{,}25 = 22{,}4$
Sauerstoff	1,429	16	$16/1{,}429 = 11{,}2$
Kohlensäure	1,97	44	$44/1{,}97 = 22{,}4$

1 m³ Kohlenoxyd braucht $11{,}2/22{,}4 = 0{,}5$ m³ Sauerstoff und ergibt $24{,}4/24{,}4 = 1$ m³ Kohlensäure.

Raumverminderung $1{,}5 - 1{,}0 = 0{,}5$ m³ auf 1 m³ CO.

7. **Methan** $(CH_4 = 16)$. Verbrennungsgleichung:

$$CH_4 + 2O_2 = CO_2 + 2H_2O$$
$$16 + 2 \cdot 32 = 44 + 2 \cdot 18 \, ,$$

1 kg Methan braucht $2{,}32/16 = 4$ kg Sauerstoff (17 kg Luft); die Verbrennungsgase bestehen aus $44/16 = 2{,}75$ kg Kohlensäure und $2 \cdot 18/16 = 2{,}25$ kg Wasserdampf.

Für die Volumenverhältnisse ergibt sich

Stoff	Spez. Gewicht	Gewichts-verhältnis	Volumverhältnis	
CH_4	0,717	16	$16/0{,}717 = 22{,}6$ m³	vor Verbr.
O_2	1,429	64	$64/1{,}429 = 44{,}6$ „	
CO_2	1,97	44	$44/1{,}97 = 22{,}6$ „	nach Verbr.
H_2O	0,803	36	$36/0{,}803 = 44{,}6$ „	

1 m³ Methan braucht $44{,}6/22{,}6 = 1{,}975$ m³ Sauerstoff (rund 2 m³), die Verbrennung gibt $44{,}6/22{,}6 = 1{,}975$ m³ Wasserdampf und 1 m³ Kohlensäure. Eine Raumverminderung entsteht folglich nicht.

8. **Azetylen** $(C_2H_2 = 26)$. Verbrennungsgleichung:

$$2C_2H_2 + 5O_2 = 4CO_2 + 2H_2O$$
$$2 \cdot 26 + 5 \cdot 32 = 4 \cdot 44 + 2 \cdot 18 \, ,$$

1 kg Azetylen braucht $5 \cdot 32/2 \cdot 26 = 3{,}07$ kg Sauerstoff (13 kg Luft); die Verbrennung liefert $4 \cdot 44/2 \cdot 26 = 3{,}38$ kg Kohlensäure und $2 \cdot 18/2 \cdot 26 = 0{,}69$ kg Wasserdampf.

Für die Volumenverhältnisse ergibt sich

Stoff	Spez. Gewicht	Gewichts-verhältnis	Volumverhältnis	
C_2H_2	1,179	52	$52/1{,}179 = 44{,}1$ m³	vor Verbr.
O_2	1,429	160	$160/1{,}429 = 112$ „	
CO_2	1,97	176	$176/1{,}97 = 89{,}4$ „	nach Verbr.
H_2O	0,803	36	$36/0{,}803 = 44{,}7$ „	

1 m^3 Azetylen braucht $112/44,1 = 2,58 \text{ m}^3$ Sauerstoff, daraus entstehen $89,4/44,1 = 2,03 \text{ m}^3$ Kohlensäure und $44,7/44,1 = 1,01 \text{ m}^3$ Wasserdampf. Die Raumverminderung beträgt $3,58 - 3,04 = 0,54 \text{ m}^3$ auf 1 m^3 C_2H_2.

9. **Butylen** ($C_4H_8 = 56$). Verbrennungsgleichung:

$$C_4H_8 + 6\,O_2 = 4\,CO_2 + 4\,H_2O$$
$$56 + 6\cdot 32 = 4\cdot 44 + 4\cdot 18,$$

1 kg Butylen braucht $6,32/56 = 3,43 \text{ kg}$ Sauerstoff ($14,53 \text{ kg}$ Luft). Diese Menge verwandelt sich in $4 \cdot 44/56 = 3,14 \text{ kg}$ Kohlensäure und $4 \cdot 18/56 = 1,29 \text{ kg}$ Wasserdampf. Durch die Verbrennung entsteht hier ausnahmsweise eine Raumvergrößerung von $8,07 - 7,05 = 1,02 \text{ m}^3$ auf $1 \text{ m}^3 C_4H_8$.

10. **Gichtgas.** Zusammensetzung (Elementaranalyse):

Stoff	H_2	CO	CO_2	N
Volumverhältnis	$0,04$	$+ 0,29$	$+ 0,10$	$+ 0,57 = 1 \text{ m}^3$.

Sauerstoffbedarf:

Verbrennung von CO zu CO_2:	$0,5\cdot 0,29$	$= 0,145 \text{ m}^3$
„ „ H_2 „ H_2O:	$0,5\cdot 0,04$	$= 0,020$ „
Sauerstoff im Ganzen:		$0,165 \text{ m}^3$
Zugehöriger Stickstoff:	$78,7\cdot 0,165/21,3$	$= 0,614$ „
Theor. Luftmenge auf 1 m^3 Gichtgas:		$L_0 = 0,779 \text{ m}^3$.

11. **Koksofengas.** Zusammensetzung:

Stoff	C_4H_8	CH_4	H_2	CO	CO_2	O_2	N
Volumenteile	$0,033$	$+0,266$	$+0,439$	$+0,070$	$+0,035$	$+0,003$	$+0,154 = 1 \text{ m}^3$.

Sauerstoffbedarf:

Verbrennung von C_4H_8 (6 auf 1 m^3):	$6\cdot 0,033$	$= 0,198 \text{ m}^3$
„ „ CH_4 (2 auf 1 m^3):	$2\cdot 0,266$	$= 0,532$ „
„ „ H_2 ($0,5$ auf 1 m^3):	$0,5\cdot 0,439$	$= 0,219$ „
„ „ CO („):	$0,5\cdot 0,07$	$= 0,035$ „
Sauerstoff im Ganzen:		$0,984 \text{ m}^3$
Zugehöriger Stickstoff:	$0,984\cdot 78,7/21,3$	$= 3,640$ „
Theor. Luftbedarf auf 1 m^3 Gas:		$L_0 = 4,624 \text{ m}^3$.

12. **Kraftgas** (im Generator aus Anthrazit hergestellt):

Stoff	CH_4	H_2	CO	CO_2	O_2	N
Volumenteile	$0,02$	$+ 0,174$	$+ 0,233$	$+ 0,055$	$+ 0,005$	$+ 0,513 = 1 \text{ m}^3$.

Sauerstoffbedarf:

Verbrennung von CH_4 (2 auf 1 m³): $2 \cdot 0,02 = 0,040$ m³
      „   „ H_2 (0,5 auf 1 m³): $0,5 \cdot 0,174 = 0,087$ „
      „   „   CO („   ): $0,5 \cdot 0,233 = 0,116$ „

Sauerstoff im Ganzen: $0,243$ m³

Zugehöriger Stickstoff: $0,243 \cdot 78,7/21,3 = 0,897$ „

Theor. Luftbedarf auf 1 m³ Kraftgas: $L_0 = 1,140$ m³.

5. Heizwert (Wärmetönung).

Zur Vereinfachung unserer Vorstellung über den thermischen Vorgang im Verbrennungsmotor dürfen wir vom physikalischen Standpunkt aus annehmen, das Gemisch von Brennstoff und Luft verwandle sich im Augenblick der Zündung plötzlich in Verbrennungsprodukte und man führe den aus dem Brennstoff frei werdenden Heizwert als Wärme von Außen in den arbeitenden Stoff hinein. Diese nach Thomson als „Wärmetönung" bezeichnete Wärmemenge wird entweder unmittelbar im Kalorimeter bei der Untersuchung des Brennstoffes gemessen, oder als Summe der Heizwerte der brennbaren Elemente berechnet.

. Gewöhnlich bezieht sich diese Zahl auf 1 kg des Brennstoffes, bei gasförmigen auf 1 m³; wir müssen aber diese Wärme auf m kg umrechnen, wo m das Molekulargewicht der Verbrennungsgase bedeutet, oder kürzer gesagt: auf „1 Mol". Dieser umgerechnete Heizwert läßt sich im Entropie-Diagramm wie jede andere Wärme darstellen, wenn die Zeichnung für 1 Mol entworfen ist.

Um diese Umrechnung zu vollziehen, sind die Bestandteile der Verbrennungsgase zu bestimmen, die sich aus 1 kg (oder aus 1 m³) Brennstoff und der zugehörigen Luft bilden. Sie lassen sich mit Hilfe der chemischen Verbrennungsformeln berechnen, wobei noch die wirkliche Luftmenge L gegeben sein muß, die auf 1 kg Brennstoff zugeführt wird. Sie ist größer als die theoretische Luftmenge L_0, die gerade für den chemischen Prozeß ausreicht. Der Überschuß befindet sich unbenutzt in den Verbrennungsprodukten und muß derart bemessen sein, daß eine genügende Sicherheit für vollkommene Verbrennung gewährleistet ist, auch wenn nicht jedes Sauerstoffmolekül Zeit und Gelegenheit findet, sich mit dem entsprechenden Brennstoffteilchen zu verbinden. Mit wachsendem Überschuß verkleinert sich die Wärmetönung. Als Vergleichswert wird das Verhältnis der wirklichen zur theoretischen Luftmenge $k = L/L_0$ angegeben.

Bei den gasförmigen Brennstoffen sind die Mengen auf 1 m³ bezogen; durch die Verbrennung wird diese Menge vermehrt um das Luftvolumen L, und vermindert um die Volumenkontraktion. Da nun das Volumen aller Gase und Gasmischungen gleich groß ist, wenn man es auf 1 Mol bezieht (siehe Abschnitt 2), so hat man nur nötig, die Menge der Verbrennungsgase durch dieses Volumen zu dividieren, um die Anzahl der Mol zu erhalten, bezogen auf 1 m³ Brennstoff. Bei 0° C und 760 mm Q.S. beträgt dieses Einheitsvolumen z. B. 22,4 m³/Mol. Damit ist auch die Wärmetönung in kcal/Mol als Quotient aus Heizwert durch Molzahl bestimmt.

Bei flüssigen (und festen) Brennstoffen ist die Molzahl durch Division der Gewichte der einzelnen Bestandteile durch die Molekulargewichte zu finden, wie dies bereits in Abschnitt 2 dargelegt ist. Die folgenden Aufgaben zeigen den Gang der Rechnung; hierzu sind einige Brennstoffe benutzt worden, deren theoretischer Luftbedarf bereits in Abschnitt 4 berechnet ist.

A. Gasförmige Brennstoffe.

a) Gichtgas. Das aus dem Hochofen entweichende Gas zeigt als besonderes Kennzeichen einen großen Stickstoffgehalt, auch Kohlendioxyd findet sich in verhältnismäßig großen Mengen vor; aus diesen Gründen besitzt das Gas nur geringen Heizwert, für den hauptsächlich Kohlenoxyd neben geringen Mengen Wasserstoff in Betracht kommt. Diese Zusammensetzung ist je nach dem Vorgang im Hochofen starken Wechseln unterworfen; wir wählen für unser Beispiel aus einer Elementaranalyse folgende Werte:

Stoff	H_2	CO	CO_2	N	
Volumenteile	0,04	$\div$ 0,29	$\div$ 0,10	$\div$ 0,57	= 1 m³
Unterer Heizwert (s. Hütte 25. Aufl., S. 530) . . .	2403	2843	—	—	kcal/m³

Aus den brennbaren Elementen ergibt sich:

Heizwert des Gichtgases:

$$h = 0,04 \cdot 2403 + 0,29 \cdot 2843$$
$$= 921 \text{ kcal/m}^3$$

Theor. Luftmenge (berechnet): $\qquad L_0 = 0,779 \text{ m}^3$

„   „   (Bestandteile): $\qquad$ O : 0,165,   N : 0,614 m³

Verhältnis: (gewählt) $\qquad k = L/L_0 = 1,5$

Wirkl. Luftmenge auf 1 m³ Gas: $\qquad L = 1,5 \cdot 0,779 = 1,1685 \text{ m}^3$

„   „   (Bestandteile): $\qquad$ O : 0,2475,   N : 0,9210 m³

Raumverminderung:

Bei Verbrennung von Kohlenoxyd

(0,5 auf 1 m³): $\qquad\qquad\qquad$ $0,5 \cdot 0,29 = 0,145 \text{ m}^3$

Bei Verbrennung von Wasserstoff

(0,5 auf 1 m³): $\qquad\qquad\qquad$ $0,5 \cdot 0,04 = 0,020$ „

Volumkontraktion auf 1 m³ Brennstoff: $\qquad\qquad$ $= 0,165 \text{ m}^3.$

Volumen nach der
Verbrennung: $\qquad$ $1 + 1,1685 - 0,165 = 2,0035$ m³
Volumen von 1 Mol: $\qquad$ $(mv) = 848 \cdot 273/10330 = 22,4$ m³
Molzahl auf 1 m³ Gichtgas: $\quad n = 2,0035/22,4 \qquad = 0,0894$
Heizwert auf 1 Mol (Wärme-
tönung): $\qquad Q_h = 921/0,0894 \qquad = 10300$ kcal/Mol

Zusammensetzung der Verbrennungsprodukte:

Kohlensäure im Brennstoff: $\qquad$ 0,10 m³
„ aus CO (1 auf 1 m³): $\qquad$ 0,29 „ $\qquad$ 0,390 m³
Wasserdampf aus H_2 (1 auf 1 m³): $\qquad$ 0,040 „
Stickstoff im Brennstoff: $\qquad$ 0,57 m³
„ in der Luft: $\qquad$ 0,921 „ $\qquad$ 1,491 „
Sauerstoff im Überschuß: $\qquad 0,2475 - 0,1650 = 0,0825$ „
Verbrennungsgase auf 1 m³ Brennstoff: $\qquad$ 2,0035 m³.

Berechnung von m und b:

Stoff	Mol.-Gew. m	Vol.-Verh. V	Molzahl $n = V/22,4$	$m \cdot n$	$1000 \cdot b$	$1000 \cdot b \cdot n$
N	28	1,491	0,0666	1,865	1,0	0,0666
O	32	0,0825	0,0036	0,115	1,0	0,0036
CO_2	44	0,390	0,0174	0,765	4,4	0,0765
H_2O	18	0,040	0,0018	0,032	2,9	0,0052
		2,0035	0,0894	2,777		0,1519

Molekulargewicht der Verbr.-Gase (Gl. 4): $\quad m = 2,777/0,0894 = 30,9$,

Konstante b der spez. Wärme (Gl. 8): $\quad b = \dfrac{0,1519}{1000 \cdot 0,0894} = 0,0017$.

Gaskonstante: $\qquad R = 848/30,9 = 27,5$.

Diese Ergebnisse ändern sich für denselben Brennstoff, wenn die Luftzufuhr geändert wird; hierüber gibt folgende Zusammenstellung Aufschluß:

Verhältnis $k = L/L_0$	1,25	1,5	1,75	2,0	2,5	3	4
Luftmenge L . . . m³	0,974	1,1685	1,363	1,558	1,947	2,337	3,116
Molzahl auf 1 m³ . . .	0,0808	0,0894	0,0981	0,1068	0,1242	0,1417	0,1761
Verbrennungsgase . . .	1,809	2,0035	2,198	2,393	2,782	3,175	3,950
Konstante $1000\,b$ . . .	1,77	1,70	1,64	1,58	1,5	1,45	1,36
Mol.-Gew. d. Verbr.-Gase	31,6	30,9	30,8	30,7	30,4	30,2	30,0
Gaskonstante R	26,8	27,4	27,5	27,6	27,9	28,1	28,25
Heizwert Q_h (umgerechnet) . . . . kcal/Mol	11380	10300	9400	8620	7420	6500	5230

b) Koksofengas. Das in den Kokereien des Hochofenbetriebes in großen Mengen frei werdende Gas ist reich an Brennstoffen und eignet sich deshalb gut zur Speisung von Gasmaschinen.

Nehmen wir die auf S. 10 mitgeteilte Zusammensetzung und bestimmen den unteren Heizwert auf 1 m³, indem wir die Heizwerte der brennbaren Bestandteile aus der „Hütte", Aufl. 25, entnehmen, so erhalten wir:

Stoff	Vol.-Teile	Heizwert der Bestandteile	Vol. $\times$ Heizwert
C_4H_8	0,033	25320	835 kcal
CH_4	0,266	8055	2142 „
H_2	0,439	2403	1055 „
CO	0,070	2843	198 „
CO_2	0,035	—	—
O	0,003	—	—
N	0,154	—	—
	1,000		

Heizwert des Gases:
$$h = 835 + 2142 + 1055 + 198$$
$$= 4230 \text{ kcal/m}^3.$$

Theor. Luftmenge: $L_0 = 4,6245 \text{ m}^3$,
Bestandteile: $O: 0,9845, \quad N: 3,640 \text{ m}^3$,
Verhältnis k (gewählt): $k = L/L_0 = 2$,
Wirkliche Luftmenge auf 1 m³
Brennstoff: $L = 9,2490 \text{ m}^3$,
Bestandteile: $O: 1,969, \quad N: 7,280 \text{ m}^3$.

Raumverminderung:

Bei Verbr. von C_4H_8 $(-1$ auf 1 m³$)$ $= -0,033 \text{ m}^3$
„ „ „ CH_4 $(-)$ $-$ „
„ „ „ H_2 $(0,5$ auf 1 m³$)$ $= +0,2195$ „
„ „ „ CO $(0,5$ auf 1 m³$)$ $= +0,035$ „

Vol.-Kontraktion auf 1 m³ Brennstoff $\quad 0,2215 \text{ m}^3$
Vol. nach Verbrennung $\quad 1 + 9,2490 - 0,2215 = 10,0275$ „
Molzahl $\quad n = 10,0275/22,4 = 0,447$ „
Heizwert auf 1 Mol $\quad Q_h = 4230/0,447 = 9460 \text{ kcal/Mol}$

Zusammensetzung der Verbrennungsgase:
Kohlendioxyd: im Brennstoff $\quad = 0,035 \text{ m}^3$
aus C_4H_8 $(4$ auf 1 m³$)$ $\quad = 0,132$ „
aus CH_4 $(1$ auf 1 m³$)$ $\quad = 0,266$ „
aus CO $(1$ auf 1 m³$)$ $\quad = 0,070$ „ $\quad 0,503 \text{ m}^3$

Wasserdampf: aus C_4H_8 $(4$ auf 1 m³$)$ $\quad = 0,132 \text{ m}^3$
aus CH_4 $(2$ auf 1 m³$)$ $\quad = 0,532$ „
aus H_2 $(1$ auf 1 m³$)$ $\quad = 0,439$ „ $\quad 1,103$ „
Verbrennungsgase auf 1 m³ Brennstoff $\quad 1,606 \text{ m}^3$

Zusammensetzung der Verbrennungsgase:

Stickstoff: im Brennstoff $= 0{,}154$ m^3
               in der Luft $= 7{,}280$ „ $7{,}434$ m^3

Sauerstoff: im Brennstoff $= 0{,}003$ m^3
               im Luftüber-
               schuß $1{,}969 - 0{,}984 = 0{,}985$ „ $0{,}988$ „

Verbrennungsgase auf 1 m^3 Brennstoff $8{,}422$ m^3.

Berechnung von m und b:

Stoff	Mol.-Gew. m	Vol.-Verh. V	Molzahl $n = V/22{,}4$	$m \cdot n$	$1000 \cdot b$	$1000 \cdot b \cdot n$
N	28	7,434	0,3315	9,280	1,0	0,3315
O	32	0,988	0,0441	1,411	1,0	0,0441
CO_2	44	0,503	0,0224	0,985	4,4	0,0986
H_2O	18	1,103	0,0492	0,886	2,9	0,1425
		10,028	0,4472	12,562		0,6167

Molekulargewicht der Verbrennungsgase: $m = 12{,}562/0{,}4472 = 28{,}1$,

Konstante b der spez. Wärme: $\qquad b = \dfrac{0{,}6167}{1000 \cdot 0{,}4472} = 0{,}00138$,

Gaskonstante: $\qquad\qquad\qquad R = 30{,}2$.

Wiederholt man diese Rechnung unter Annahme anderer Verhältnisse k, so ergeben sich folgende Schlußwerte:

Verhältnis $k = L/L_0$	1,75	2	2,25	2,5
Luftmenge L . . . . m^3	8,100	9,249	10,400	11,56
Molzahl m auf 1 m^3 Gas	0,397	0,447	0,501	0,551
Verbrennungsgase auf 1 m^3 Gas . .	8,878	10,028	11,178	12,338
Konstante $1000 \cdot b$	1,43	1,38	1,34	1,30
Mol.-Gew. der Verbrennungsgase . .	28,0	28,1	28,2	28,4
Gaskonstante	30,5	30,2	30,1	29,8
Heizwert Q_h (umgerechnet) kcal/Mol	10650	9460	8440	7670

c) **Kraftgas** (aus Anthrazit). Für eine Sauggasanlage ist im Gasgenerator ein Gemisch von folgender Zusammensetzung erzeugt worden:

Stoff	CH_4	H_2	CO	CO_2	O	N	
Volumenteile	0,020	0,174	0,233	0,055	0,005	0,513	$= 1$ m^3
Heizwerte der Bestandteile	8055	2403	2843	—	—	—	
Volumen $\times$ Heizwert . . .	161	418	663	—	—	—	

Heizwert des Kraftgases: $\qquad h = 161 + 418 + 663 = 1232$ kcal/m^3,
Theoretische Luftmenge: $\qquad L_0 = 1{,}140$ m^3 auf 1 m^3 Gas.

Führt man die bereits erklärte Rechnung mit diesem Gemisch für verschiedene Luftverhältnisse k aus, so ergeben sich folgende Werte:

Verhältnis $k = L/L_0$	1,5	1,75	2	2,5
Luftmenge L . . . . m³	1,710	1,995	2,280	2,850
Molzahl n	0,1120	0,1248	0,1375	0,1629
Verbrennungsgase . . . . . . m³	2,507	2,792	3,077	3,647
Konstante $1000 \cdot b$	1,58	1,52	1,47	1,40
Molekular-Gewicht der Gase	29,2	29,1	29,1	29,1
Gaskonstante R	29,1	29,1	29,1	29,1
Heizwert Q_h (umgerechnet) kcal/Mol	11800	9950	9050	7625

B. Flüssige Brennstoffe.

Bei den flüssigen (und festen) Brennstoffen sind die Heizwerte und die sonstigen Zahlengrößen aus den Gewichtsteilen zu berechnen, aus denen 1 kg des Brennstoffes zusammengesetzt ist. Der Gang der Rechnung kann in folgenden Beispielen verfolgt werden:

d) Gasöl. An einer vom Verfasser untersuchten Dieselmotoranlage wurde Gasöl verwendet, das aus russischem Erdöl durch Destillation ausgeschieden war und folgende Zusammensetzung aufwies:

Stoff	C	H_2	S	N	H_2O	
Gewichte	0,859	0,126	0,005	0,007	0,003	= 1 kg
Heizwert	8050	28000	2500	—	—	kcal/kg
Gewicht $\times$ Heizwert . . .	6910	3530	12	—	—	

Heizwert: $\qquad\qquad h = 6910 + 3530 + 12 = 10452$ kcal/kg,

Heizwert, im Kalorimeter gemessen: $\qquad h = 10110$ „

Theoretische Luftmenge (s. S. 8): $\qquad L_0 = 14,01$ kg,

Verhältnis k (gewählt): $\qquad\qquad k = 1,75$ „

Wirkliche Luftmenge: $\qquad\qquad L = 24,52$ kg,

„ „ Bestandteile O: 5,78, N: 18,74 kg.

Zusammensetzung der Verbrennungsgase:

Kohlendioxyd aus C: $\qquad (8/3 + 1) \cdot 0,859 = 3,150$ kg,

Wasserdampf im Brennstoff: $\qquad\qquad 0,003$

„ aus H_2: $(1+8) \cdot 0,126 \qquad = \underline{1,134} \qquad 1,137$ kg,

Schweflige Säure: $\qquad\qquad (1+1) \cdot 0,005 = 0,010$ „

Stickstoff im Brennstoff: $\qquad\qquad 0,007$

„ in der Luft: $\qquad\qquad \underline{18,74} \qquad 18,747$ „

Sauerstoff im Überschuß: $\qquad 5,78 - 3,304 \qquad \underline{2,476}$ „

Verbrennungsgase auf 1 kg Brennstoff: $\qquad\qquad \overline{25,520}$ kg.

Die Menge der Verbrennungsgase erhält man auch unmittelbar als Summe

$$1 + L = 1 + 24,52 \text{ kg}.$$

Für jeden Bestandteil ergibt sich die Molzahl als Quotient aus dem Gewichtsanteil durch das zugehörige Molekulargewicht. Damit erhalten wir folgende Zusammenstellung:

Stoff	Mol.-Gewicht m	Gewicht G	Molzahl $n = G/m$	$1000 \cdot b \cdot n$
N	28	18,747	0,6695	0,6695
O	32	2,476	0,0774	0,0774
CO_2	44	3,150	0,0716	0,3147
H_2O	18	1,137	0,0632	0,1830
SO_2	64	0,010	0,0002	0,0002
		25,520	0,8819	1,2448

Damit ergeben sich folgende Endwerte:

Molekulargewicht der Verbrennungsgase

$$m = 25,54/0,8819 = 28,9$$

Konstante der spezifischen Wärme

$$b = 1,245/882 = 0,00141$$

Heizwert (umgerechnet)

$$Q_h = 10110/0,8819 = 11470 \text{ kcal/Mol.}$$

Wiederholen wir diese Rechnung für andere Luftzuschüsse, so ergibt sich:

Verhältnis $k = L/L_0$	1,5	1,75	2	2,5	3	4	5
Luftmenge L . . kg	21,015	24,52	28,02	35,0	42,03	56,04	70,05
Molzahl auf 1 kg . .	0,7606	0,8819	0,996	1,244	1,491	1,975	2,459
Verbrennungsgase auf 1 kg . . . kg	22,015	25,52	29,02	36,0	43,03	57,04	71,05
Konstante $1000 \cdot b$ . .	1,48	1,41	1,36	1,30	1,25	1,17	1,15
Mol.-Gewicht der Verbrennungsgase . . .	28,95	28,90	28,90	28,9	28,8	28,8	28,8
Heizwert (umgerechnet . . kcal/Mol	13300	11470	10140	8130	6760	5110	4100

e) **Alkohol.** Die Bestandteile des reinen und des mit einem Wassergehalt von 10% versehenen Alkohols sind (siehe S. 7):

Stoff	C	H_2	O	H_2O	
Gewichtsteile (100%) . .	0,52	0,13	0,35	0	
„ (90%) . . .	0,468	0,117	0,315	0,100	= 1 kg

Bei der Berechnung des Heizwertes des Wasserstoffgehaltes ist zu berücksichtigen, daß sich der achte Teil des im Brennstoff befindlichen Sauerstoffes mit der entsprechenden Menge Wasserstoff unmittelbar verbindet, so daß für die Verbrennung nur noch

$$0{,}117 - 0{,}315/8 = 0{,}078 \text{ kg}$$

Wasserstoff verfügbar bleiben. Da die Zahl 28000 als Heizwert für den Wasserstoff unter Abzug der Verdampfungswärme gilt, erhält man den unteren Heizwert:

$$h = 0{,}468 \cdot 8050 + 0{,}078 \cdot 28000 = 5900 \text{ kcal/kg} .$$

Für die übrigen Größen findet sich nun:

Theor. Sauerstoffbedarf: $\qquad 0{,}468 \cdot 0{,}267 + 8 \cdot 0{,}078 = 1{,}874$ kg

Zugehöriger Stickstoff: $\qquad 76{,}4 \cdot 1{,}874/23{,}6 = 6{,}060$ „

Theor. Luftbedarf: $\qquad\qquad\qquad\qquad L_0 = 7{,}934$ kg

Verhältnis $k = L/L_0$ (gewählt): $\qquad\qquad k = 1{,}5$ „

Wirkliche Luftmenge: $\qquad\qquad\qquad L = 11{,}91$ „

„   „   (Bestandteile): $\qquad$ O: 2,81, N: 9,10 „

Verbrennungsgase:

Kohlendioxyd: $\qquad\qquad (1 + 8/3) \cdot 0{,}468 = \; 1{,}715$ kg

Wasserdampf im Brennstoff: $\qquad 0{,}100$

„   aus H_2: $(1 + 8) \cdot 0{,}117 \; = 1{,}053 \qquad\quad 1{,}153$ „

Sauerstoff im Überschuß: $\qquad 2{,}81 - 1{,}874 \qquad = 0{,}936$ „

Stickstoff in der Luft: $\qquad\qquad\qquad\qquad 9{,}100$ „

Verbrennungsgase auf 1 kg Gasöl: $\qquad 1 + L = 12{,}904$ kg.

Berechnung von m und b:

Stoff	Mol.-Gewicht	Gewicht	Molzahl	$1000 \cdot b \cdot n$
N	28	9,100	0,3250	0,3250
O	32	0,936	0,0293	0,0293
CO_2	44	1,715	0,0390	0,1715
N_2O	18	1,153	0,0641	0,1860
		12,904	0,4574	0,7118

Molekulargewicht der Verbrennungsgase: $\qquad m = 12{,}904/0{,}4574 = 28{,}3$

Konstante: . $\qquad\qquad\qquad b = 0{,}7118/457{,}4 = \; 0{,}00156$

Heizwert (umgerechnet): $\qquad Q_h = 5900/0{,}4574 = 12900$ kcal/Mol.

Um den gegenseitigen Zusammenhang der in den vorliegenden Beispielen gefundenen Hauptwerte zu erkennen, sind in Abb. 1 die Luftmengen und die Heizwerte Q_h bezogen auf 1 Mol in Funktion des Luftverhältnisses aufgetragen. Die Kurven a beziehen sich auf Gichtgas, b auf Koksofengas, c auf Kraftgas (Generatorgas) und d auf Gasöl (Dieselöl).

Man erkennt den linearen Verlauf des Luftbedarfes. Ferner ergibt sich die wichtige Tatsache, daß die Wärmetönung auf 1 Mol (Heizwert) der Hauptsache nach vom Luftverhältnis abhängt, im übrigen aber für die verschiedensten Stoffe in engen Grenzen bleibt. Durch entsprechende Einstellung des Verhältnisses k läßt sich erreichen, daß die Wärmetönung gleich groß ausfällt für die gasförmigen wie für alle flüssigen Brennstoffe; es ist nebensächlich, woher die Verbrennungsgase ihre Wärme herholen, mit der sie zu arbeiten haben.

Die Wärmetönung beträgt z..B. $Q_h = 10\,000$ kcal/Mol:

für Gichtgas (a)
bei $k = 1,58$
für Koksofengas (b)
bei $k = 1,87$
für Kraftgas (c)
bei $k = 1,75$
für Gasöl (d)
bei $k = 2,06$.

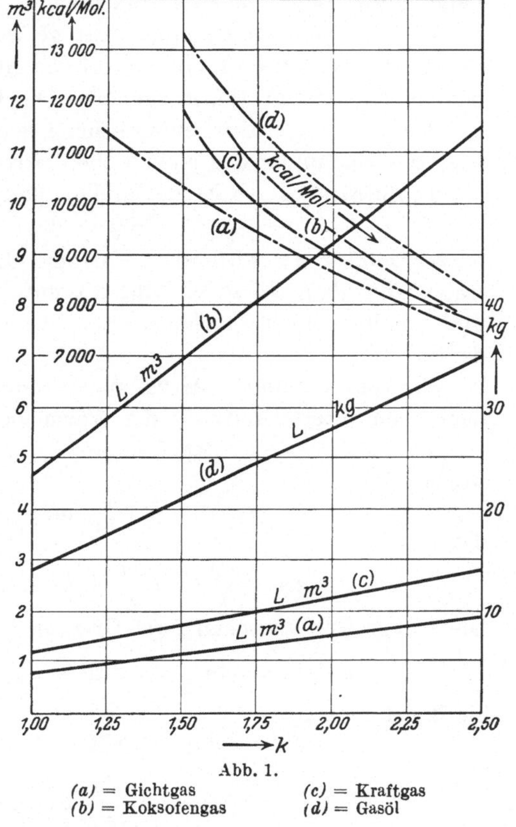

Abb. 1.
(a) = Gichtgas   (c) = Kraftgas
(b) = Koksofengas   (d) = Gasöl

Für die physikalische Verwendung der Wärme in den Motoren spielt demnach die Natur des Brennstoffes eine untergeordnete Rolle.

Ferner zeigt sich, daß die Gaskonstante der Verbrennungsgase von derjenigen für Luft wenig verschieden ist, sie liegt zwischen 28 und 30. Die Konstante b der spezifischen Wärme hängt hauptsächlich vom Luftverhältnis k ab, in geringerem Maß von der Natur des Gases; b ist um so größer, je mehr Kohlensäure und Wasserdampf in den Verbrennungsgasen enthalten ist.

6. Die Entropietafel für Gase.

Die thermischen Vorgänge in den Verbrennungsmotoren lassen sich mit unübertrefflicher Einfachheit und Vollständigkeit in der Entropietafel darstellen; es soll deshalb der Aufbau und der Gebrauch dieses Hilfsmittels kurz erläutert werden.

2*

Der Entropiebegriff stützt sich auf die Erfahrungstatsache, daß die Wärme als eine Energieform anzusehen ist. Da die Energie in jeder Form sich aus zwei Faktoren zusammensetzt, muß dies auch für eine Wärme als Energievorrat gelten. Diese verfügbare Energie ist um so wertvoller für die motorische Ausnützung, je höher die Temperatur ist, die zur Wärme gehört. Die Intensität dieser Energieform ist also die Temperatur, entsprechend dem Gefälle eines Wasserwerkes oder der Spannung des elektrischen Stromes. Besitzt die Wärme dQ die Temperatur T, so ist der andere Faktor ds gegeben durch

$$dQ = T \cdot ds.$$

Dieser Faktor ds wird als „Entropie-Unterschied" bezeichnet; wir tragen ihn als Abszisse und die absolute Temperatur als Ordinate auf und erhalten einen Flächenstreifen, dessen Inhalt die Wärme dQ bedeutet.

Wir können nun die Abzissenwerte für eine beliebig große Wärme Q berechnen unter Benutzung der Wärmegleichung für Gase

$$dQ = mc_v\, dT + mA\,p\,dv,$$

worin

$$mc_v = a + bT \quad \text{und} \quad pv = RT,$$

damit wird

$$ds = \frac{dQ}{T} = a\,\frac{dT}{T} + b\,dT + A\,(mR)\,\frac{dv}{v}\,.$$

Die Integration zwischen zwei Grenzen gibt

$$s - s_0 = a \ln\frac{T}{T_0} + b\,(T - T_0) + A\,(mR)\cdot \ln\frac{v}{v_0}, \qquad (9)$$

hierin ist

$$(mR) = 848, \quad 1/A = 427, \quad a = 4{,}67\,.$$

Mit

$$\frac{v}{v_0} = \frac{T}{T_0}\cdot\frac{p_0}{p}$$

findet sich eine zweite Form für den Entropiezuwachs

$$s - s_0 = (a + AmR)\ln\frac{T}{T_0} + b\,(T - T_0) - AmR\cdot\ln\frac{p}{p_0}\,. \qquad (10)$$

Wie ersichtlich, sind in dieser Gleichung die Glieder mit den Logarithmen unabhängig von der Zusammensetzung des Gasgemisches und nur das mittlere Glied mit der Konstanten b verändert sich mit der Natur des Gases. Man kann deshalb nach dem Vorschlag von Stodola[1] die logarithmischen Glieder getrennt auftragen (für $b = 0$) und erst nachher das Glied $b\,(T - T_0)$ addieren. Zur Ausführung dieses Verfahrens eignen sich schiefwinklige Koordinaten; wir wählen deshalb eine beliebige Richtung OY (Abb. 2) als Ordinatenachse für $b = 0$. Durch wagrechtes Abtragen des Wertes bT_0 in der Höhe T_0 oder von bT in der Höhe T, ergibt sich die Ordinatenachse OX für den vor-

---

[1] Stodola: Dampf- u. Gasturbinen, 6. Aufl. Berlin: Julius Springer. 1924.

liegenden Wert b (z. B. $b = 0{,}0015$); diese Richtung ist nun von der Natur des Gases abhängig, d. h. von der Konstanten b.

Um die ganze Funktion Gl. (9) darzustellen, wählen wir auf der wagrechten Temperaturlinie T_0 einen beliebigen Punkt A als Ausgangspunkt der Zustandsänderung zwischen T_0 und T und ziehen die Gerade $A\,Y'$ parallel zur gewählten Ordinatenachse $O\,Y$, ebenso die Gerade $A\,X'$ parallel zu $O\,X$, dann schneiden diese Linien in der wagrechten Tem-

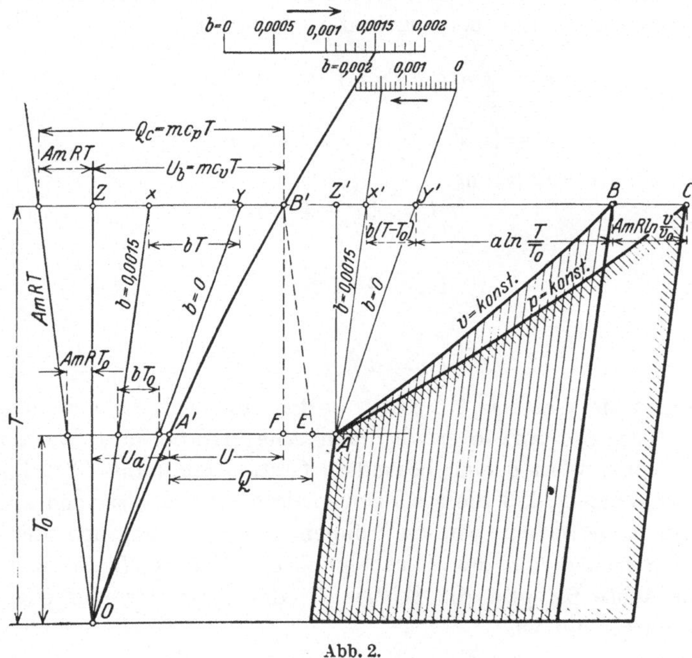

Abb. 2.

peraturlinie T den Abzissenbetrag $X'\,Y' = b\,(T - T_0)$ ab. Daran fügt sich das Glied $Y'B = a \cdot \ln T/T_0$ und endlich das Glied

$$BC = AmR \cdot \ln \frac{v}{v_0}.$$

Wiederholen wir das Abtragen dieser Glieder für andere Ordinaten T, so ergeben sich die Linien $A\,B$ und $A\,C$. Die erstere Kurve $A\,B$ schließt mit der Achse $A\,X'$ schon die Endwerte der Entropie ein für den Fall, daß $v = $ konst.; ziehen wir die Ordinaten in A und B parallel zu $O\,X$, so schließt die Linie $A\,B$ mit ihnen und der Nullinie eine Fläche (schraffiert) ein, die als Wärme zur Veränderung des Zustandes von A nach B aufzufassen ist, immer unter der Voraussetzung, daß sich das Volumen nicht ändert. Wir nennen deshalb die Linie $A\,B$ die v-Linie.

Die zweite Kurve begrenzt mit den Ordinaten eine Fläche, die als Wärme aufgewendet werden muß, um bei konstantem Druck von der unteren zur oberen Temperatur zu gelangen. Man erkennt dies aus der Gl. (10), wo der Abstand

$$B C = A m R \ln \frac{T}{T_0} = A m R \ln \frac{v}{v_0}.$$

Demgemäß erhält die Tafel zwei Kurvenscharen, die eine Gruppe gilt für $v =$ konst., die andere für $p =$ konst. (p-Linien). Für beide Zustandsänderungen lassen sich die zugehörigen Wärmen mit dem Planimeter ausmessen oder berechnen, und zwar ist diese Zunahme der inneren Wärmeenergie bei konstantem Volumen:

$$U = \int\limits_{T_0}^{T} m\, c_v\, dT = \int\limits_{T_0}^{T} (a + b T)\, dT,$$

$$U = \left(a T + \frac{b}{2} T^2\right) - \left(a T_0 + \frac{b}{2} T_0^2\right). \tag{11}$$

Setzen wir zur Abkürzung

$$U = U_b - U_a,$$

wo

$$U_a = a T_0 + \frac{b}{2} T_0^2$$

und

$$U_b = a T + \frac{b}{2} T^2$$

und tragen die Werte U_a, U_b usw. in den Höhen T_0, T usw. wagrecht an die Achse OZ auf, so erhält man eine parabolische Wärmkurve, die für jeden Wert b eine besondere Gestalt annimmt. Mit ihr entsteht der Vorteil, daß die als Flächen dargestellten Wärmen auch als Strecken abgestochen werden können. Der Unterschied der wagrechten Strecken von den Parabelpunkten A' bzw. B' bis zur senkrechten Achse OZ gibt die Wärme U, die unter der Kurve $A B$ als Fläche dargestellt ist.

Man kann auch die Wärmefläche unter der p-Linie $A C$ als Strecke darstellen, ohne eine neue Wärmekurve zeichnen zu müssen, für diese bei konstantem Druck zuzuführende Wärme ist nämlich

$$Q = \int\limits_{T_0}^{T} (m\, c_v + m A R)\, dT = U + A m R\, (T - T_0). \tag{12}$$

Man hat daher nur noch zu dem bereits dargestellten Glied U den Betrag $A m R (T - T_0)$ zu addieren. Geometrisch bedeutet dieser Ausdruck eine Gerade aus O, die im Diagramm als Richtung $A m R T$ bezeichnet ist; sie schneidet auf der Wagrechten durch B den Wert $A m R T$ ab. Zieht man durch B' die Parallele $B' E$ zu dieser Richtung $A m R T$, so schneidet sie auf der Wagrechten durch A in $F E$ den Unterschied $A m R (T - T_0)$ ab. Die Wärme Q ist nun durch die Strecke $A' E$ dargestellt.

Von der Verwendung dieser übersichtlichen Methode ist im nachfolgenden ausgiebig Gebrauch gemacht worden.

II. Kreisprozesse
der Kolben-Verbrennungsmotoren.

7. Verbrennung bei unveränderlichem Volumen.

Betrachten wir den theoretischen Vorgang im Gasmotor (Otto), so finden wir dort die Verbrennung bei konstantem Volumen vor sich gehen, wenn von Nebenerscheinungen abgesehen wird. Im Viertakt-Motor sind der erste und der vierte Kolbenhub lediglich zu einer Orts-veränderung des arbeitenden Stoffes bestimmt. Im ersten Takt wird das Gemisch von Luft und brennbarem Gas in den Zylinderraum ein-gebracht; im vierten Takt stößt der Kolben den Rest der Verbrennungs-produkte hinaus. Diese beiden Vorgänge verursachen im großen ganzen keine thermischen Veränderungen und sind daher im Entropie-Diagramm auch nicht darstellbar.

Als Ausgangspunkt für die Betrachtung des Prozesses ist der Zustand des Gas-Luft-Gemisches am Ende des Ansaugens, d. h. zu Beginn der Kompression zu nehmen. Der Einfachheit halber setzen wir für die nachfolgenden Aufgaben diesen Zustand mit $p_1 = 1$ at. abs. und $T_1 = 273 + 27 = 300^0$ C an. Die gewählte Temperatur wird sich auch dann einstellen, wenn die Außentemperatur nur z. B. 15^0 beträgt, da sich der Stoff während des Einströmens an den Zylinderwandungen erwärmen kann. In gewissen Fällen ist diese Temperatur sogar noch höher anzunehmen.

Als erste Zustandsänderung kommt die adiabatische Kompression AB (Abb. 3) zur Wirkung, bei der weder Wärme zu- noch abgeführt wird. Für die Richtung der Geraden AB ist die Konstante b der spezifischen Wärme maßgebend. Da das Gasgemisch in allen Fällen nur geringe oder gar keine Kohlensäuregasmengen besitzt, darf $b = 0{,}001$ angenommen werden, welcher Wert am Maßstab für die Adiabate aufzusuchen ist, um die Richtung AY zu ziehen.

Im Punkte B denken wir uns den Stoff in Verbrennungsgase verwandelt; sie empfangen nun die wirksame Wärmetönung von außen, während das Volumen unverändert bleiben soll (Explosion). Wir ziehen deshalb durch den Punkt B die v-Linie und bestimmen ihren Endpunkt C

derart, daß die unter BC liegende Fläche (begrenzt durch die Ordinaten in B und C und durch die Nullinie) der zugeführten Wärme Q entspricht.

Zur raschen Lösung zeichnen wir die Wärmekurve unter Berück-

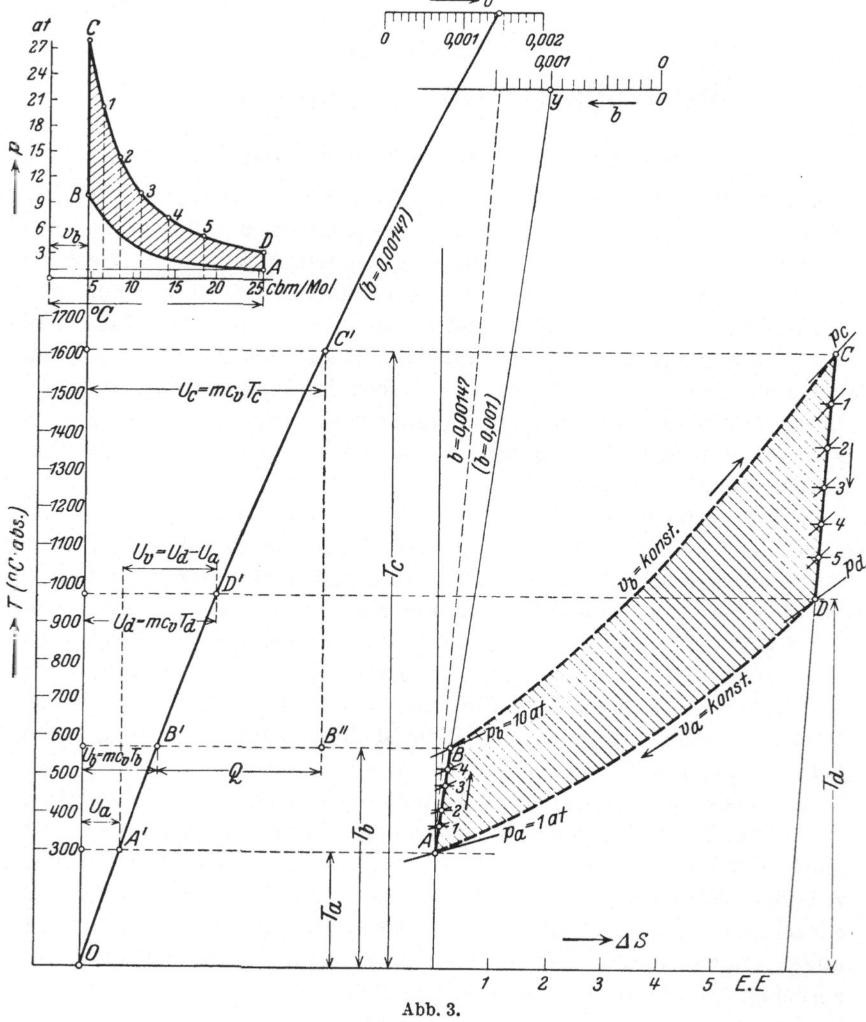

Abb. 3.

sichtigung des Wertes b der Verbrennungsgase. Die Wagrechten durch A und B schneiden die Wärmen

$$U_a = m c_v T_a \quad \text{und} \quad U_b = m c_v T_b$$

ab. Tragen wir die wirksame Wärmetönung Q auf der Wagrechten durch B von B' aus ab und ziehen durch den Endpunkt B'' die Senkrechte

$B'' C'$ bis zur Wärmekurve, so erhalten wir in der Ordinate des Punktes C' die Endtemperatur der Verbrennung und damit den Anfangspunkt C der adiabatischen Expansion CD. Die Richtung dieser Linie ist durch die Konstante b der Verbrennungsgase gegeben (z. B. $b = 0,00147$). Da die Expansion bis zum Hubende verläuft, besitzt ihr Endpunkt D daselbe Volumen wie Punkt A. Wir haben also nur nötig, von A aus die v-Linie bis zum Schnitt mit der Adiabaten zu ziehen, um das Diagramm zu schließen.

Die sichtbare Wärmetönung Q ist um zwei Beträge kleiner als der Heizwert Q_h; die eine Verminderung wird durch den Rest der Verbrennungsgase verursacht, die im Zylinder vom vorangegangenen Spiel noch übrig geblieben sind und dem neuen Gas-Luft-Gemisch etwas Raum wegnehmen. Ein zweiter Abzug kann vorgenommen werden, wenn man zum Voraus die vom Gas während der Verbrennung an das Kühlwasser abgegebene Wärme berücksichtigen will.

Mit den in Abb. 3 eingeführten Bezeichnungen sind folgende Wärmen zu nennen:

Zugeführte Wärme (Heizwert) (Fläche unter BC) $\quad Q = U_c - U_b$.
Abgeführte Wärme (Fläche unter AD) $\qquad\qquad U_v = U_d - U_a$.
Nutzbare Wärme (in Arbeit umgesetzt) $\qquad\qquad Q_n = Q - U_v$.
Thermischer Wirkungsgrad d. theor. Prozesses $\quad \eta_{th} = Q_n/Q_h$.

Dieser Wert vermindert sich weiter dadurch, daß im wirklichen Diagramm Abrundungen auftreten; wir fügen deshalb den Faktor η_i bei, der das Verhältnis der wirklichen Diagrammfläche zur gezeichneten bedeutet. Endlich sind noch die Reibungsverluste der Maschine mit dem **mechanischen Wirkungsgrad** η_m zu berücksichtigen, so daß der **Gesamtwirkungsgrad** den Betrag erreicht:

$$\eta_g = \eta_m \cdot \eta_i \cdot \eta_{th}. \tag{13}$$

Diese Zahl bedeutet das Verhältnis der vom Motor abzugebenden Arbeit zu der im Brennstoff eingeführten Energie und ist daher das Maß für die Ausnutzung des Brennstoffes. Mit η_g kann man deshalb auch den Brennstoffverbrauch β auf eine Nutzpferdestärke und Stunde ausrechnen, wenn der Heizwert h (kcal/m³) bekannt ist. Da zu Erzeugung von 1 PS/h die Wärme $\beta \cdot h$ eingeführt wird, beträgt das Ausnutzungsverhältnis

$$\eta_g = \frac{75 \cdot 3600}{427 \cdot \beta \cdot h} = \frac{632}{\beta \cdot h}. \tag{14}$$

Bei Gasmotoren bezieht sich h auf 1 m³ des brennbaren Gases, daher ist β der Gasverbrauch in m³ auf 1 PS/h. Häufig wird dieses Kraftgas in besonderem Generator hergestellt, der mit festem Brennstoff gespeist wird (Koks, Anthrazit). Man kann auch diesen Brennstoffverbrauch β' berechnen, wenn sein Heizwert h' bekannt ist, sowie der Wirkungsgrad η' des Gaserzeugers. Man erhält

$$\beta' = \frac{\beta \cdot h}{\eta' h'} . \tag{15}$$

Aus der nutzbar gemachten Wärme Q_n ergibt sich der Zusammenhang mit dem pv-Diagramm. Der vom Kolben bei einem Hub beschriebene Raum entspricht dem Unterschied der Volumen in den Punkten A und B (Abb. 3) oder in den Punkten D und C. Dividieren wir den Arbeitswert $427 . Q_n$ durch den Unterschied $v_a - v_b$, so bedeutet das Ergebnis die auf $1\,\mathrm{m}^3$ des Hubvolumens geleistete Arbeit, wobei zu beachten ist, daß Zähler und Nenner sich auf 1 Mol beziehen, diese Einheit fällt bei der Division aus der Rechnung. Wie aus dem pv-Diagramm (Abb. 3) ersichtlich, ist $v_a - v_b$ als Hubvolumen aufzufassen, das Verhältnis zwischen der Arbeit $427\,Q_n$ und $v_a - v_b$ ist demnach zugleich der mittlere Druck des pv-Diagrammes:

$$p_i{}' = \frac{427\,Q_n}{v_a - v_b} . \tag{16}$$

Hierin sind die Abrundungen nicht berücksichtigt. Will man den mittleren Druck des Indikator-Diagrammes erhalten, so muß der Faktor η_i angehängt werden, der als Völligkeitsgrad aufgefaßt werden kann:

$$p_i = \eta_i \cdot p_i{}' = \eta_i \frac{427\,Q_n}{v_a - v_b} . \tag{17}$$

Damit erhalten wir für den Viertakt-Motor mit dem Kolbenquerschnitt F und dem Hub S bei n Umdrehungen die Leistung an der Kurbelwelle

$$N_e = \frac{\eta_m \cdot F \cdot S \cdot n \cdot p_i}{2 \cdot 60 \cdot 75}\, \mathrm{PS} . \tag{18}$$

Um die angedeutete Rechnung in Zahlenwerten zu veranschaulichen, sei als Brennstoff das in Abschnitt 5 betrachtete Kraftgas vorausgesetzt und als Verhältnis der wirklichen zur theoretischen Luftmenge $k = 2$ gewählt. Aus $1\,\mathrm{m}^3$ Kraftgas mit dem Heizwert $h = 1242\,\mathrm{kcal/m}^3$ entstehen $3{,}077\,\mathrm{m}^3$ Verbrennungsprodukte. Für vorliegenden Zweck ist diese Zahl zu berichtigen, denn im Laderaum befinden sich noch Rückstände aus der vorangegangenen Verbrennung, die nicht ausgetsoßen werden konnten. Schätzen wir sie zu 10% des Ladevolumens, so vermehren sich die Verbrennungsgase auf $1{,}1 . 3{,}077 = 3{,}385\,\mathrm{m}^3$ und die Molzahl steigt auf

$$n = 3{,}385/22{,}4 = 0{,}151 ,$$

damit kommt die Wärmetönung auf $Q_h = 1242/0{,}151 = 8215\,\mathrm{kcal/Mol}$.

Eine weitere Berichtigung betrifft die durch das Kühlwasser abfließende Wärme, soweit sie unmittelbar von den Gasen aus dem Zylinderinnern abgegeben wird. Sie ist auf dem Versuchsstand meßbar; hierbei ist aber zu berücksichtigen, daß die Wärme der Kolbenreibung nicht mitzuzählen ist, die das Kühlwasser ebenfalls ableitet und die im mechanischen Wirkungsgrad Berücksichtigung findet. Schätzen wir die vom arbeitenden Gas an das Kühlwasser übergeführte Wärme zu 20 % des Heizwertes, so ist der Rest die sichtbare Wärmetönung

$$Q = 0{,}8 \cdot 8215 = 6570 \text{ kcal/Mol.}$$

Nun kann das Entropie-Diagramm gezeichnet werden mit dem Anfangspunkt A ($p_a = 1$ at abs., $T_a = 300^0$)

$$v_a = \frac{848 \cdot 3000}{10\,000} = 25{,}4 \text{ m}^3/\text{Mol.}$$

Die Adiabate AB endigt auf der Linie $p_b = 10$ at abs., $T_b = 570$ und das Volumen in B beträgt

$$v_b = \frac{848 \cdot 570}{100\,000} = 4{,}84 \text{ m}^3/\text{Mol.}$$

Mit $Q = U_c - U_b$ ist der Endpunkt C der Verbrennung bestimmt

$$T_c = 1613^0 \text{ C}, \qquad p_c = \frac{848 \cdot 1613}{4{,}84 \cdot 10\,000} = 28{,}3 \text{ at abs.}$$

Daran schließt sich die adiabatische Expansion bis zum Endpunkt D mit

$$T_d = 973^0 \text{ C}, \qquad p_d = \frac{848 \cdot 973}{25{,}44 \cdot 10\,000} = 3{,}25 \text{ at.}$$

Von D nach A wird die Wärme abgeleitet

$$U_v = U_d - U_a = 5250 - 1500 = 3750 \text{ kcal/Mol,}$$

nutzbar wird

$$Q_n = Q - U_v = 6570 - 3750 = 2820 \text{ kcal/Mol,}$$

damit beträgt der thermische Wirkungsgrad

$$\eta_{th} = 2820/8215 = 0{,}342.$$

Wählen wir

$$\eta_i = 0{,}9 \quad \text{und} \quad \eta_m = 0{,}8,$$

so ergibt sich der Gesamtwirkungsgrad

$$\eta_g = 0{,}9 \cdot 0{,}8 \cdot 0{,}343 = 0{,}247.$$

An Kraftgas in der Stunde auf 1 PS wird gebraucht

$$\beta = \frac{632}{0{,}247 \cdot 1242} = 2{,}06 \text{ m}^3/\text{PS}_e\text{h.}$$

Das Gas werde aus Anthrazit mit dem Heizwert $h' = 8000$ kcal/kg hergestellt bei einer Ausnutzung des Generators von $\eta' = 0{,}85$, dann beträgt der Brennstoffverbrauch auf 1 PS in der Stunde

$$\beta' = \frac{2{,}06 \cdot 1242}{0{,}85 \cdot 8000} = 0{,}376 \text{ kg/PS}_e\text{h.}$$

Der mittlere Druck des pv-Diagrammes ergibt sich aus

$$p_i' = \frac{427 \cdot 2820}{25,4 - 4,84} = 58\,500 \text{ kg/m}^2.$$

Der mittlere Druck des Indikator-Diagrammes wird betragen

$$p_i = 0,9 \cdot 5,85 = 5,27 \text{ kg/cm}^2.$$

Das Verhältnis des Laderaumes zum Hubvolumen ist

$$\varepsilon_0 = \frac{v_b}{v_a - v_b} = \frac{4,84 \cdot 100}{25,4 - 4,84} = 23,6\,\%\,.$$

und das Kompressionsverhältnis

$$\varepsilon = v_a / v_b = 25,4 \,/\, 4,84 = 5,24\,.$$

Benutzen wir den beschriebenen Vorgang für einen Viertakt-Motor mit 520 mm Zylinderbohrung, 700 mm Hub und 160 Uml/Min., so ergibt sich das vom Kolben frei gegebene Ladevolumen

$$\frac{F \cdot S \cdot n}{2 \cdot 60} = 0,1975 \text{ m}^3/\text{sek}\,.$$

Da 1 m³ die Arbeit 52 700 mkg leistet, ergibt sich die Nutzleistung

$$N_e = \frac{0,1975 \cdot 52\,700 \cdot 0,8}{75} = 110 \text{ PS}_e\,.$$

Abb. 3 enthält das pv-Diagramm dieses Prozesses, wie es unmittelbar aus dem Entropie-Diagramm übertragen werden kann. Zu diesem Zweck ist nur nötig, auf den Linien AB und CD einige Punkte *1, 2, 3, 4* anzumerken, die von p-Linien geschnitten werden. Liest man die Werte p und die Ordinaten T dieser Punkte ab und rechnet die zugehörigen Volumen aus der Zustandsgleichung aus, so erhält man p in Funktion von v.

In vorliegendem Fall erhalten wir folgende Zahlen:

	Expansion				Kompression		
Punkt	p at abs.	T ⁰ C abs.	v m³/Mol	Punkt	p at abs.	T ⁰ C abs.	v m³/Mol
C	28,3	1613	4,84	A	1,0	300	25,4
1	20	1483	6,3	*1*	2,0	370	15,7
2	14	1367	8,25	*2*	3,0	413	11,7
3	10	1267	10,75	*3*	5,0	477	8,1
4	7	1163	14,1	*4*	7,0	517	6,25
5	5	1075	18,25	B	10	570	4,84
D	3,25	973	25,4				

Bei diesen und den folgenden Vorgängen erscheint die Endtemperatur der adiabatischen Expansion noch sehr hoch (Punkt D). In Wirklichkeit zeigt das Diagramm an jener Stelle eine Abrundung, so daß die gemessene Temperatur der Auspuffgase bedeutend kleiner ist und einen Mittelwert annimmt, der zwischen der Temperatur in D und derjenigen in A steht.

8. Verbrennung bei unveränderlichem Druck.

Unter dieser Annahme wird gewöhnlich der theoretische Prozeß im normalen Dieselmotor behandelt. Die adiabatische Kompression der im Zylinder befindlichen reinen Luft darf so hoch getrieben werden,

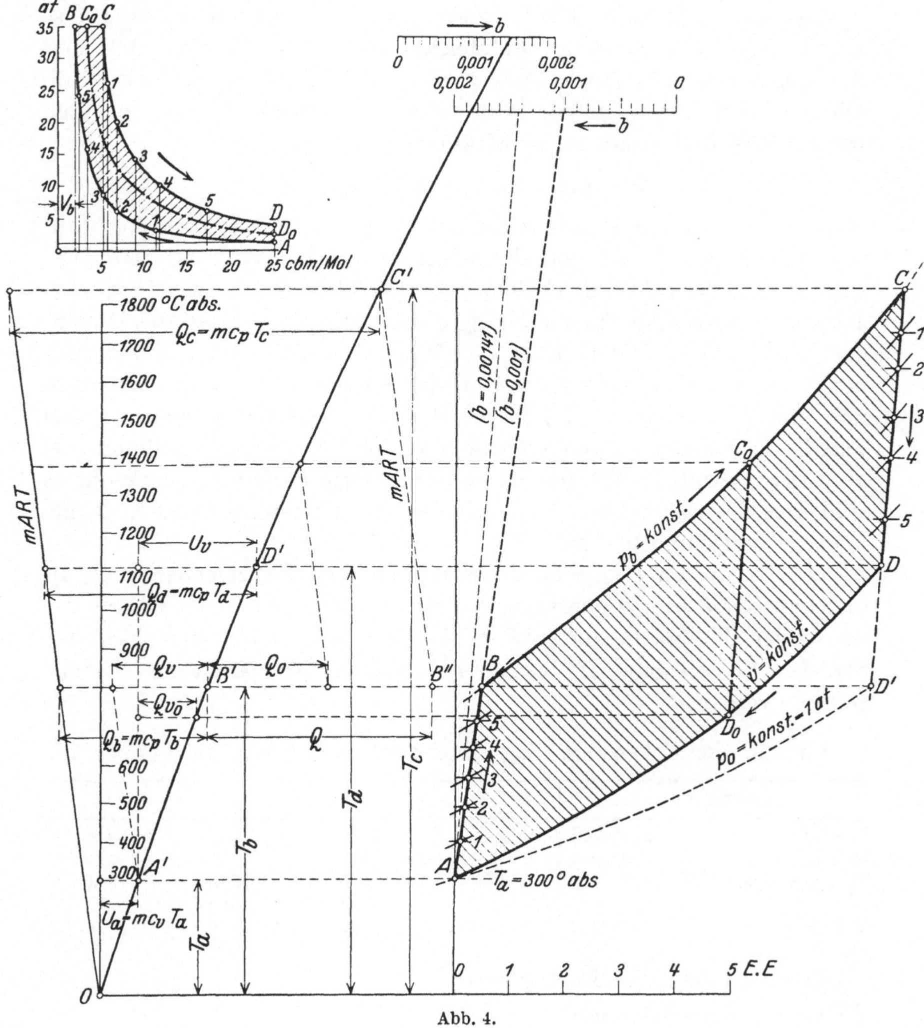

·daß beim Einfüllen des Brennstoffes Selbstentzündung eintritt. Es ist dies bei den Destillaten des Rohöles sicher der Fall (Gasöl), wenn der Enddruck der Kompression zu etwa 35 at abs. gewählt wird (Gerade A B Abb. 4). In B denken wir uns wieder die Verbrennungsgase gebildet und die Heizkraft als wirksame Wärmetönung von außen zugeführt.

Wir wählen als Brennstoff das früher erwähnte Gasöl mit dem gemessenen Heizwert von $h = 10110$ kcal/kg und das Verhältnis k der wirklichen zur theoretischen Luftmenge zu $k = 1,75$, was etwa bei angestrengter Ausnutzung der Maschine zutreffen wird. Für diesen Fall wurde die Menge der Verbrennungsgase zu 25,52 kg gefunden und die Zahl der Mol zu $n = 0,882$. Rechnen wir zu dieser Ladung die Rückstände mit 10%, so steigt die Molzahl auf $n = 1,1.0,882 = 0,97$ und der umgerechnete Heizwert beträgt $Q_h = 10110/0,97 = 10500$ kcal/Mol. Die von den Gasen an das Kühlwasser abgegebene Wärme schätzen wir zu 10% und erhalten als wirksame Wärmetönung

$$Q = 0,9 \cdot 10500 = 9450 \text{ kcal/Mol}.$$

Nehmen wir an, die Verbrennung geschehe ausschließlich bei konstantem Druck p_b, so ist der Endpunkt C der Verbrennung derart zu wählen, daß der Inhalt der Fläche unter der Linie BC (bis zur Abszissenachse) die wirksame Wärmetönung Q darstellt. Man kann die Höhenlage des Punktes C mit Hilfe der Wärmekurve finden und hat nur nötig, auf der Wagrechten durch B die Strecke $B'B'' = Q$ abzutragen und von B'' aus die Parallele zur Richtung $mART$ zu ziehen, diese Parallele schneidet auf der Wärmekurve die Temperatur des Punktes C ab. Damit sind die Wärmeinhalte der Punkte C und B abzulesen, es sind dies die wagrechten Abstände der Parabelpunkte C' bzw. B' bis zur Richtungslinie $mART$.

Die Expansion CD und der Wärmeentzug DA zeichnen sich in gleicher Weise wie in der vorigen Aufgabe. Die entzogene Wärme U_v ist wieder die Fläche unter DA, sie kann aber als Unterschied der Strecken von D' bzw. A' bis zur senkrechten Ordinatenachse OZ abgelesen werden.

Für die vier Ecken des Diagrammes gelten folgende Zustandswerte:

Eckpunkte	A	B	C	D
Wärmen . . . . kcal/Mol	1500	5850	15300	6450
Drücke . . . . . . at abs.	1,0	35	35	3,84
Temperaturen . . . ⁰ C abs.	300	800	1886	1150
„ . . . . . ⁰ C	27	527	1613	877
Volumen . . . . . m³/Mol	25,4	1,94	4,56	25,4

Hieraus folgen die Ergebnisse:

Wirksame Wärmetönung:
$$Q = Q_c - Q_b = 15300 - 5850 = 9450 \text{ kcal/Mol}$$

Wärme-Entzug:
$$U_v = U_d - U_a = 6450 - 1500 = 4950 \quad \text{„}$$

Nutzbare Wärme:
$$Q_n = Q - U_v = 9450 - 4950 = 4500 \quad \text{„}$$

Thermischer Wirkungsgrad:
$$\eta_{th} = 4500/10\,500 \quad = 0,429$$
Mechanischer Wirkungsgrad (angenommen):
$$\eta_m = 0,75$$
Verh. d. ind. zum theor. Diagramm (angenommen):
$$\eta_i = 0,95$$
Gesamtwirkungsgrad:
$$\eta_g = 0,75 \cdot 0,95 \cdot 0,429 = 0,306$$

Brennstoffverbrauch in der Stunde:
$$\beta = \frac{632}{0,306 \cdot 10\,110} = 0,204 \ \text{kg/PS}\,h$$

Kompressionsverhältnis:
$$\varepsilon = \frac{v_a}{v_b} = \frac{25,4}{1,94} = 13,1 \ .$$

Laderaum/Hubvolumen:
$$\varepsilon_0 = \frac{v_b}{v_a - v_b} = \frac{1,94}{25,4 - 1,94} = 8,3\ \% \ .$$

Füllungsverhältnis:
$$\varepsilon_1 = \frac{v_c - v_b}{v_a - v_b} = \frac{4,56 - 1,94}{23,46} = 11,16\ \% \ .$$

Mittl. Druck im pv-Diagr.:
$$p_i' = \frac{4500 \cdot 427}{23,46} = 81\,000 \ \text{kg/m}^2 \ .$$

„   „   im Ind.-Diagr.: $p_i = 0,95 \cdot 8,1 = 7,7$ at.

Sollen mit diesen Zahlen die Hauptabmessungen eines Zweitakt-Motors für die Höchstleistung von 2300 PS bestimmt werden, der 4 Zylinder besitzt und mit 150 Umdrehungen in der Minute läuft, so ergibt sich das Hubvolumen eines Zylinders aus

$$N_e = \eta_m \ \frac{4\,F S n\,p_i}{60 \cdot 75} = 2300 \ \text{PS}_e \, ,$$

$$F \cdot S = \frac{60 \cdot 75 \cdot 2300}{0,75 \cdot 4 \cdot 150 \cdot 77\,000} = 0,30 \ \text{m}^3 \, ,$$

was mit 900 mm Hub und 660 mm Zylinderbohrung erreicht wird. Diese Maschine erhält die Luftmenge in der Stunde

$$V_s = 0,30 \cdot 4 \cdot 150 \cdot 60 = 10\,800 \ \text{m}^3/\text{h}$$

oder dem Gewicht nach bei dem spez. Volumen 0,9 m³/kg

$$L_s = 11\,200/0,9 = 12\,000 \ \text{kg/h} \ .$$

Man kann diese Größe auch aus dem Brennstoffbedarf berechnen ohne Rücksicht auf die Zylinderabmessungen, und zwar ist:

Brennstoffbedarf in der Stunde $\quad B = 0,204 \cdot 2300 = 470 \ \text{kg/h}$,
Luftbedarf auf 1 kg Brennstoff $\quad L = 25,5 \ \text{kg}$,
Luftbedarf in der Stunde $\quad L_s = 25,5 \cdot 470 = 12\,000 \ \text{kg/h}$.

Hieraus ist ersichtlich, daß die Hauptabmessungen eines Verbrennungsmotors auch aus Brennstoff- und Luftverbrauch berechnet werden können.

Das Entropie-Diagramm kann benutzt werden, um die Wirkung der Leistungsregelung zu verfolgen. Vermindert sich die Belastung der

Maschine, so verkleinert der Pendelregler die Brennstoffzufuhr selbst-
tätig, die wirksame Wärmetönung nimmt ab und die Expansionslinie
CD verschiebt sich nach links ($C_0 D_0$ Abb. 4).

Nehmen wir z. B. an, der berechnete Dieselmotor arbeite mit Halblast, so ergeben sich folgende Werte:

Leistung des Motors an der Welle: $\qquad N_e = 1150$ PS,

Mechanischer Wirkungsgrad bei Halblast: $\quad \eta_m = 0,65$,

Verhältnis d. ind. z. theor. Leistung $\qquad \eta_i = 0,95$,

Mittl. Druck d. Ind. Diagr.

$$p_i = \frac{60 \cdot 75 \cdot 1150}{4 \cdot 0,65 \cdot 0,30 \cdot 150}$$
$$= 42\,700 \text{ kg/m}^2,$$

„   „   „   theor. „ $\qquad p_i' = 4,27\,/\,0,95 = 4,5$ at,

Nutzbare Wärme

$$Q_n = \frac{45\,000 \cdot 23,46}{427}$$
$$= 2\,470 \text{ kcal/Mol.}$$

Durch probeweises Einzeichnen und Verschieben der Expansionslinie $C_0 D_0$ ergibt sich

Wärme, zugeführt (Fläche unter $C_0 B$) $\qquad Q_0 = 4770$ kcal/Mol

„   abgeführt (Fläche unter $D_0 A$) $\quad Q_{r\,0} = 2300$ „

Unterschied, wie verlangt $\qquad\qquad\qquad Q_n = 2470$ „

Im Kühlwasser abgeführt (18% des

Heizwertes $\qquad\qquad\qquad\qquad\qquad\qquad$ 1030   „

Wärmetönung (Heizwert) $\qquad\qquad\quad Q_h = 4770 + 1030$
$$= 5800 \text{ kcal/Mol}$$

Molzahl der Verbrennungsgase $\qquad n = \dfrac{h}{Q_h} = \dfrac{10\,110}{5000} = 1,74$

Luftüberschußverhältnis $\qquad\qquad\qquad k = 3,4$

Wirkl. Luftmenge auf 1 kg Brennstoff $\quad L = 46,2$ kg

Thermischer Wirkungsgrad $\qquad\qquad \eta_{th} = 2470/5800 = 0,426$

Gesamtwirkungsgrad $\qquad\qquad\qquad \eta_a = 0,426 \cdot 0,95 \cdot 0,65$
$$= 0,263$$

Brennstoffverbr. auf 1 PSh $\qquad\qquad \beta = \dfrac{632}{10\,110 \cdot 0,263}$
$$= 0,238 \text{ kg/PSh.}$$

Diese Betrachtung zeigt, daß man das Entropie-Diagramm für ganz
verschiedene Belastungen zeichnen kann, wodurch der Einblick in das
Verhalten vertieft wird. Die Verminderung der Brennstoffmenge be-
wirkt naturgemäß eine Abnahme der Wärmetönung und eine Zunahme
der überschüssigen Luftmenge. Die Brennstoff-Ausnutzung verschlechtert sich zufolge der Abnahme des mechanischen Wirkungsgrades, wie
dies der Vergleich der thermischen Wirkungsgrade bei Vollast und
Halblast zeigt.

Das Entropie-Diagramm gibt ferner Aufschluß über die Größe des Arbeitsverlustes, der am Ende der Expansion zufolge des Spannungsabfalles entsteht. Man hat nur nötig, die Expansionslinie CD Abb. 4 über D hinaus zu verlängern bis zum Schnittpunkt D' mit der p-Linie durch A. Die dreieckartige Fläche ADD' stellt diesen Verlust dar, der als nützliche Arbeit gewonnen würde, wenn die Expansion bis zum Außendruck fortgesetzt werden könnte. Bei den vorliegenden Verhältnissen würde man erreichen:

Wärmeentzug $\qquad\qquad\qquad Q_v' = 3750$ kcal/Mol

Nutzbare Wärme (Vollast) $\qquad Q_n = 9450 - 3750$

$\qquad\qquad\qquad\qquad\qquad\qquad = 5700$ kcal/Mol

Thermischer Wirkungsgrad $\qquad \eta_{th} = 5700/10500 = 0,542$

Gewinn gegenüber norm. Verlauf $\qquad \dfrac{0,542 - 0,429}{0,429} 100 = 26,5\%$.

9. Vorwärmung der Luft.

Bei gewissen Bauarten von Ölmotoren ist der Vorschlag entstanden, die Luft vor dem Einfüllen in den Zylinder zu erwärmen. Da hierzu die heißen Auspuffgase benutzt werden können, geschieht dieses Vorwärmen kostenlos. Sein Zweck besteht darin, die Ladeluft am Ende der Kompression auf die zur Selbstzündung nötige Temperatur zu bringen, ohne daß hohe Enddrücke angewendet werden müssen. Dadurch entsteht allerdings der Nachteil, daß die Arbeit auf $1\,\mathrm{m}^3$ des Zylindervolumens kleiner ausfällt, da das spezifische Gewicht der vorgewärmten Luft kleiner ist als dasjenige der kalten. Für gleiche Leistung verlangt der Zylinder somit größere Abmessungen. Dieses Verfahren eignet sich deshalb nur für kleinere Leistungen und erlaubt Vereinfachungen in den Einspritzvorrichtungen für den Brennstoff (Glühkopfmotor).

Der Verlauf solcher Prozesse ist aus Abb. 5 ersichtlich. Wir benutzen wieder dasselbe Gasöl mit dem Heizwert $h = 10110$ kcal/kg und nehmen das Luftverhältnis $k = 2$ an, wobei sich die Molzahl auf $n = 0,996$ stellt. Wegen des verhältnismäßig großen Laderaumes muß mit 15% Rückständen gerechnet werden, so daß die neue Molzahl $n = 1,15 \cdot 0,996 = 1,145$ beträgt und die Wärmetönung

$$Q_h = 10110/1,145 = 8840 \text{ kcal/Mol.}$$

Die in das Kühlwasser abfließende Wärme soll 20% betragen, damit ergibt sich als wirksame Wärmetönung

$$Q = 0,8 \cdot 8840 = 7400 \text{ kcal/Mol.}$$

Wir setzen voraus, das Rohöl werde am Hubende schußartig eingespritzt und augenblicklich zerstäubt, daher darf die Verbrennung als Wärmezufuhr bei konstantem Volumen angenommen werden.

In Abb. 5 sind drei verschiedene Diagramme gezeichnet, die gewählten Größen und die daraus folgenden Ergebnisse sind in der folgenden Zahlentafel zusammengestellt:

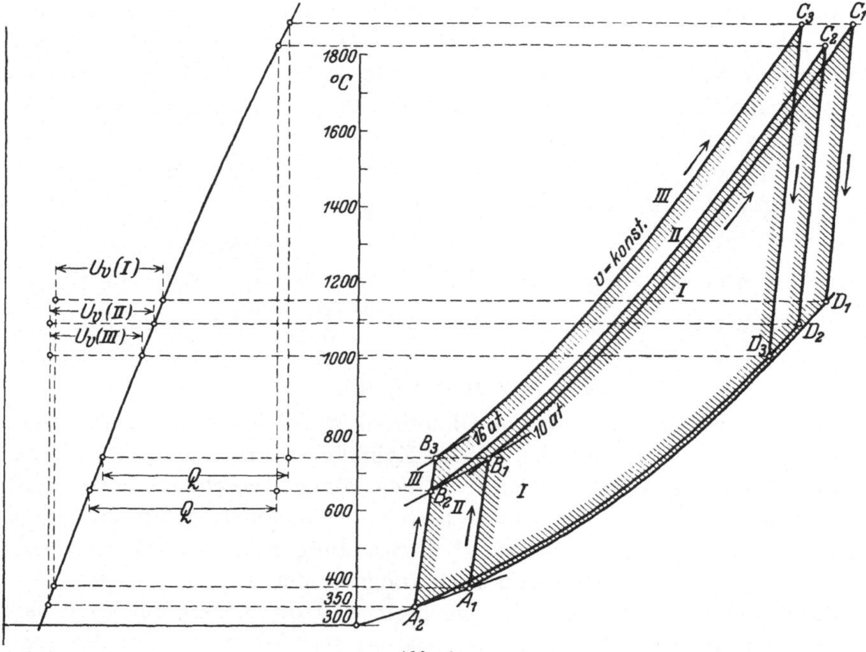

Abb. 5.

		Diagramm Nr.		
		I	II	III
Temperatur, Beginn der Kompression	⁰C abs.	400	350	350
Volumen „ „ „	m³/Mol	33,92	29,65	29,65
Druck Ende Kompr.	at abs.	10	10	16
Temp. „ „	⁰C abs.	745	655	745
Volumen „ „	m³/Mol	6,32	5,55	3,95
Druck Ende Verbr.	at abs.	25,3	28	40
Temp. „ „	⁰C abs.	1885	1820	1885
Volumen „ „	m³/Mol	6,32	5,55	3,95
Druck Ende Exp.	at abs.	2,86	3,12	3,06
Temp. „ „	⁰C abs.	1145	1090	1070
Volumen „ „	m³/Mol	33,92	29,65	29,65
Wärmeentzug U_v	kcal/Mol	4350	4200	3800
Nutzbare Wärme $Q_n = Q - U_v$	kcal/Mol	3050	3200	3550
Therm. Wirkungsgrad $\eta_{th} = Q_n/Q_h$		0,345	0,362	0,402
Völligkeitsgrad η_i		0,9	0,9	0,9
Mechan. Wirkungsgrad η_m		0,85	0,85	0,85
Gesamtwirkungsgrad η_g		0,264	0,277	0,307
Brennstoffverbr. auf 1 PSh β	kg	0,237	0,226	0,204
Mittl. Druck p_v-Diagr. p_i'	at	4,72	5,66	5,9
„ „ Ind. Diagr. p_i	at	4,24	5,1	5,3

Vergleichen wir diese Ergebnisse untereinander, so zeigt sich aus den Diagrammen I und II, daß die Vorwärmung der einströmenden Luft keinen günstigen Einfluß auf die thermische Verwertung ausübt; ein zweiter Nachteil erscheint im kleiner gewordenen mittleren Druck des pv-Diagrammes, wodurch das Hubvolumen größer ausfällt, wenn man gleiche Leistung verlangt.

Im Diagramm III wurde der Kompressionsdruck auf 16 at angesetzt, um dieselbe Temperatur für den Beginn der Brennstoffeinfuhr zu erreichen wie im Fall I. Da nun die ganze Wärme-Entwicklung bei höheren Temperaturen vor sich geht, als bei den anderen Verbrennungen, ergibt sich für Fall III auch der beste Wirkungsgrad.

10. Zusammengesetzte Verfahren.

Zur Erleichterung der Verbrennung schwer entzündbarer Öle, insbesondere der Steinkohlenteer-Destillate ist es zweckmäßig, einen ersten

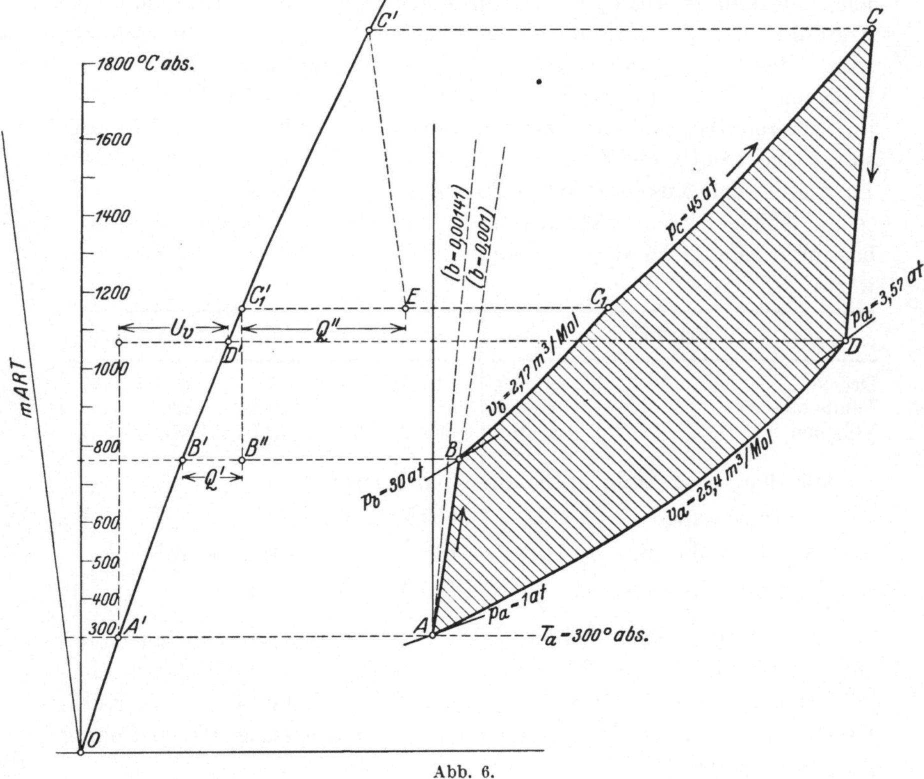

Abb. 6.

Teil des Brennstoffes bei konstantem Volumen zu verbrennen und den Rest bei ungefähr konstantem Druck. Auch solche Fälle lassen sich im

Entropie-Diagramm mit unübertreffbarer Einfachheit darstellen, wobei der Einfluß von irgendwelchen Änderungen in den Annahmen sofort sichtbar wird.

Wir nehmen beispielsweise an, die Kompression (AB, Abb. 6) erreiche einen Enddruck von 30 at abs. und es werde nun der Brennstoff so rasch in den Laderaum eingeführt, daß die Verbrennung zum Teil im toten Punkt des Kolbens, d. h. bei konstantem Volumen vor sich geht, dabei soll der Druck auf etwa 45 at abs. steigen. Um die hierzu nötige Wärme zu bestimmen, hat man nur nötig, die v-Linie durch B bis zur p-Linie für 45 at zu zeichnen (BC_1) und vom Punkt C_1 die Wagrechte zu ziehen bis zum Schnitt C_1' mit der Wärmekurve, der Unterschied der Parabel-Abszissen in C_1' und in B' ist der zur Verbrennung verbrauchte Teil Q' der wirksamen Wärmetönung. Der andere Teil $Q'' = Q — Q_1'$ soll bei konstantem Druck zugeführt werden. Trägt man Q'' von C_1' aus wagrecht ab und zieht im Endpunkt E die Parallele zur Richtungslinie $m\,ART$, bis sie die Wärmekurve in C' trifft, so ist der Endpunkt der Verbrennung C gefunden und das Diagramm kann wie früher durch den Linienzug CDA geschlossen werden.

Nehmen wir die gleiche Wärmetönung $Q_h = 10500$ kcal/Mol wie im früheren Beispiel und rechnen mit 15% Verlust durch Kühlung, so ist die sichtbare Wärmetönung $Q = 0,85 \cdot 10500 = 8930$ kcal/Mol. Es ergibt sich aus der Wärmekurve $Q' = 2400$ kcal/Mol, daher ist $Q'' = 8930 — 2400 = 6530$ kcal/Mol, wodurch die Punkte C_1 und C bestimmt sind. An den Eckpunkten finden sich folgende Zustandswerte:

Ecken	A	B	C_1	C	D
Drücke . . . . at abs.	1	30	45	45	3,57
Temperaturen . . . . ^{0}C abs.	300	765	1153	1890	1066
Volumen . . . . m^3 Mol	25,4	2,17	2,17	3,56	25,4

Aus dem Diagramm entnehmen wir ferner:

Wärmeentzug $U_v = 4300$ kcal/Mol

Nutzbare Wärme $Q_n = 8930 — 4300 = 4630$ kcal/Mol

Therm. Wirkungsgrad $\eta_{th} = 4630/1050 \quad = 0,44$ „

Ein zweites Beispiel einer Verbrennung unter verschiedenen Bedingungen zeigt das in Abb. 7 dargestellte Diagramm. Hierbei ist derselbe Heizwert $h = 10110$ kcal/kg und 15% als Verlust durch das Kühlwasser angenommen. Damit ergibt sich als wirksame Wärmetönung $Q = 8930$ kcal/Mol.

Die Verdichtung der Ladeluft im Arbeitszylinder soll vom gewohnten Anfangszustand aus erfolgen ($p_a = 1$ at $T_a = 300^0$ abs.), statt der Adiabate soll aber eine gebogene Zustandslinie AB eingetragen werden, die dem wirklichen Verlauf näher kommt. Zu Beginn der Verdichtung ist die im Zylinder befindliche Luft noch kälter als der Mantel, es findet daher eine Heizung statt, die durch die Kolbenreibung noch unterstützt wird. Aus diesem Grund verläuft die aus A (Abb. 7) ansteigende Kompressionslinie im Entropie-Diagramm zunächst rechts von der Adiabate.

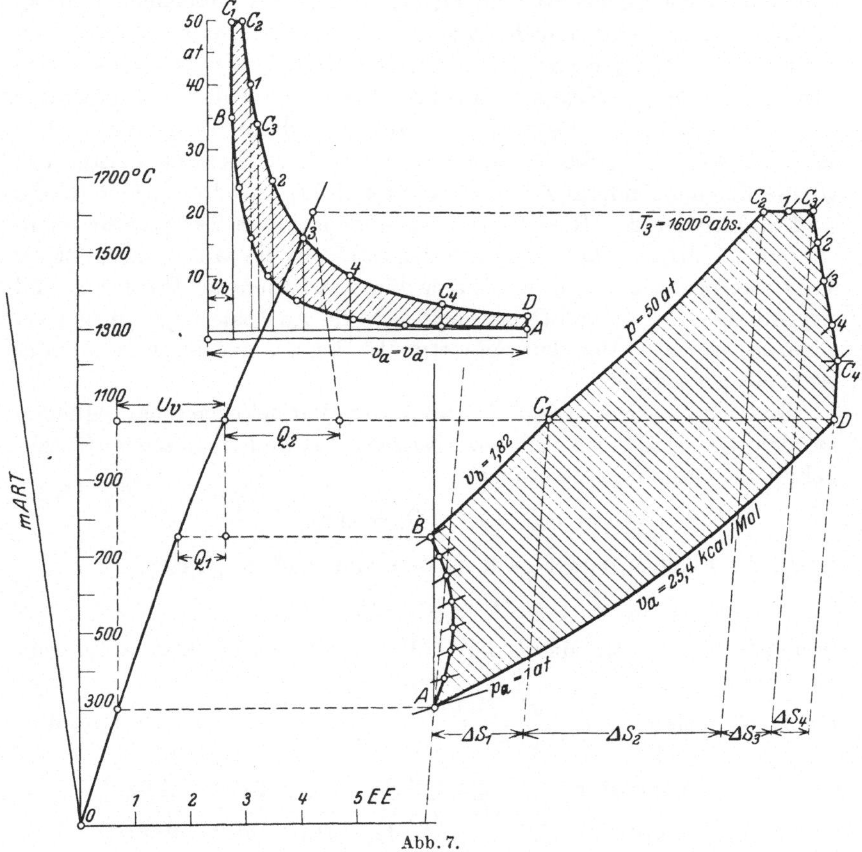

Abb. 7.

Erst wenn die Temperatur der Luft zufolge der Verdichtung genügend gewachsen ist, kehrt der Wärmefluß um, die Mantelkühlung fängt an zu wirken und die Linie AB biegt nach links um. Die tatsächliche Endtemperatur der Verdichtung ist nun etwas kleiner als bei Annahme einer streng adiabatischen Zustandsänderung. Über den Verlauf der Krümmung geben Versuche an Kompressoren Auskunft[1], wenn man die Punkte des Indikator-Diagrammes in das Entropie-Diagramm überträgt.

---

[1] S. Ostertag: Kolben- und Turbokompressoren, 3. Aufl. Berlin: Julius Springer. 1923.

Im Dieselmotor ist die Verbrennung gewöhnlich noch nicht zu Ende, wenn sich das Brennstoffventil schließt; sie setzt sich während der Druckabnahme noch fort, eine Erscheinung, die als Nachbrennen bezeichnet wird.

Wir können dieses Verhalten im Entropie-Diagramm (Abb. 7) dadurch berücksichtigen, daß ein kleiner Teil Q_1 der wirksamen Wärmetönung benutzt wird, um den Druck von 30 auf 50 at bei konstantem Volumen zu bringen (BC_1); ein zweiter Teil Q_2 soll bei konstantem Druck verwendet werden, etwa bis zu einer gewählten Temperatur ($T_0 = 1600^0$) ($C_1 C_2$). Da noch nicht alle verfügbare Wärme ausgegeben ist, auch wenn in C_2 die Brennstoffzufuhr aufhört, kann ein dritter Teil Q_3 die Zustandsänderung bei konstanter Temperatur bewirken ($C_2 C_3$) und endlich ist der Rest Q_4 die bei abnehmender Temperatur zuzuführende Wärme. Dieses letzte Stück $C_3 C_4$ der Expansionslinie ist als Polytrope aufzufassen, d. h. als eine Linie zwischen der Isotherme und der Adiabate. Erst von C_4 an setzt sich die Adiabate $C_4 D$ an den Linienzug, wo D wieder den Schnittpunkt der v-Linie durch A mit der Adiabaten bedeutet.

Die Wärmen Q_3 und Q_4 können mit der Wärmekurve nicht gefunden werden, sie setzen sich aus den Abszissen $\varDelta s_3$ und $\varDelta s_4$, sowie den zugehörigen Ordinaten zusammen

$$Q_3 = \varDelta s_3 \cdot T_3, \qquad Q_4 = \varDelta s_4 \cdot \frac{T_3 + T_4}{2},$$

wobei die Flächen derart zu bemessen sind, daß im ganzen

$$Q = Q_1 + Q_2 + Q_3 + Q_4$$

bestehen bleibt. An Hand der Abb. 7 ergibt sich folgende Wärmeverteilung:

bei konst. Volumen $\hspace{5cm} Q_1 = 1840$ kcal/Mol,

"   "   Druck $\hspace{5.5cm} Q_2 = 4600$ "

"   "   Temperatur $\hspace{1.5cm} Q_3 = T_3 \varDelta s_3 = 0{,}90 \cdot 1600 = 1440$ "

" abnehm. Temperatur $Q_4 = \dfrac{T_3 + T_4}{2} \cdot \varDelta s_4 = 0{,}75 \cdot 1400 = 1050$ "

Die Summe beträgt (wie verlangt) $\hspace{4cm} Q = 8930$ kcal/Mol.

Für die im Diagramm angemerkten Punkte gelten die auf Seite 39 folgenden Zustandsgrößen.

Mit diesen Werten kann das pv-Diagramm ohne weiteres gezeichnet werden. Man erkennt aus dieser Darstellung, daß der Endpunkt C_4 der Polytrope nicht mehr weit vom Hubende entfernt liegt, eine Folge des angenommenen beträchtlichen Nachbrennens. Mit dieser Aufzeichnung der ganzen Drucklinie sind wir dem wirklichen Verlauf schon recht nahe gerückt, wie er sich an aufgenommenen Indikator-Diagrammen zeigt.

Punkt	Druck at abs.	Temperatur ⁰ C abs.	Volumen m³/Mol
A	1,0	300	25,4
B	35	750	1,82
C_1	35	1045	2,53
C_2	50	1600	2,72
1	40	1600	3,40
C_3	34	1600	4,00
2	25	1520	5,15
3	16	1420	7,51
4	10	1300	11,00
C_4	6,7	1200	15,2
D	3,47	1040	25,4

Ferner entnehmen wir aus dem Entropie-Diagramm:

Wärmeentzug $\qquad\qquad\qquad\qquad\qquad U_v = 4300$ kcal/Mol

Nutzbare Wärme $\qquad\qquad Q_n = 8930 - 4300 = 4630$ „

Therm. Wirkungsgrad $\qquad\qquad \eta_{th} = 4630/1050 = 0,441$ „

Völligkeitsgrad $\qquad\qquad\qquad\qquad\qquad \eta_i = 0,98$ „

Mech. Wirkungsgrad (Einspritzung ohne Luft) $\quad \eta_m = 0,8$ „

Gesamtwirkungsgrad $\qquad\qquad\qquad\qquad \eta_g = 0,346$ „

Brennstoffverbrauch $\qquad\qquad \beta = \dfrac{632}{0,346 \cdot 10110} = 0,180$ kg/PSh

Mittl. Druck pv-Diagramm $\qquad p_i' = \dfrac{4630 \cdot 427}{(25,4 - 1,82) \cdot 10000} = 8,40$ kg/cm²

„ „ Ind.- „ $\qquad\qquad p_i = 0,98 \cdot 8,40 = 8,25$ „

11. Verbrennungsmotoren mit Flugkolben.

Die ältesten Ausführungen des Gasmotors von Otto (Deutz) zeigen einen stehenden Zylinder, dessen Kolben durch die Explosion aufwärts geschleudert wird; eine Zahnstange mit Ritzel vermittelt die Übertragung auf die Welle. Die höchste Lage des Kolbens ist erreicht, wenn seine Arbeitsfähigkeit erschöpft ist, er fällt nun in seine tiefste Lage zurück, wobei sich die Verbindung des Ritzels mit der Welle löst.

Diese Anordnung mit dem frei beweglichen Kolben besitzt den Vorteil, daß es möglich ist, die Expansion bis nahezu auf den Außendruck fortzusetzen. Das Entropie-Diagramm eines solchen Prozesses würde demnach etwa dem in Abb. 4 gezeichneten Verlauf ($ABCD'$) entsprechen. Zufolge praktischer Schwierigkeiten ist der Bau solcher Maschinen längst verlassen worden. Trotzdem ist der Gedanke in neuerer Zeit wieder in die Tat umgesetzt worden, und zwar durch Abänderung der Arbeitsübertragung. Kann nämlich der fliegende Kolben seine Energie unmittelbar an eine Flüssigkeit abgeben (Wasser oder Luft), so ist damit eine äußerst einfache und wirtschaftliche Übertragung erreicht. Von den zahlreichen Vorschlägen dieser Art seien zwei kurz erwähnt.

a) Das Humphrey-Verfahren. Diese eigenartige Vereinigung eines Viertakt-Gasmotors mit einer Wasserpumpe entsteht dadurch, daß als Flugkolben Wasser benutzt wird, von dem ein Teil auf eine gewisse Höhe gefördert werden soll.

Der in Abb. 8 schematisch dargestellte Zylinderraum A enthalte ein verdichtetes Gemisch von brennbarem Gas und Luft. Die Entzündung bringt den Druck plötzlich zum Steigen (Explosion) bei ungefähr gleichbleibendem Volumen, da die abschließende Wassermasse infolge ihrer Trägheit nicht sofort zurückweicht. Erst die nun einsetzende Expansion beschleunigt die im Rohr befindliche Wassermasse, die nun vorschwingt und einen Teil am oberen Ende des Druckrohres zum Abfließen zwingt. Wegen der Massenträgheit dauert diese Strömung noch fort, auch wenn die Triebgase den atmosphärischen Druck erreicht haben; dadurch entsteht sogar ein Unterdruck in der Leitung, so daß neues Wasser durch die Ventile w in die Leitung eintreten kann. Gleichzeitig öffnen sich das Auspuffventil v_2 und das Spülventil v_3 (letzteres hinter dem Einströmventil v_1 sitzend); die nun eintretende Frischluft mischt sich mit den Verbrennungsrückständen. Inzwischen ist die Strömungsenergie der vorwärts schwingenden Masse aufgezehrt, bei der Rückbewegung schließen sich die Wasserventile w und die Abgase entweichen zum größten Teil durch das Auspuffventil v_2, dessen Sitzfläche etwas tiefer als diejenige des Einströmventiles v_1 gelegen ist. Das Ausstoßen der Abgase erfolgt also bei tiefstem Druck. Durch die wachsende Geschwindigkeit des rückfließenden Wassers schließt sich nun auch das

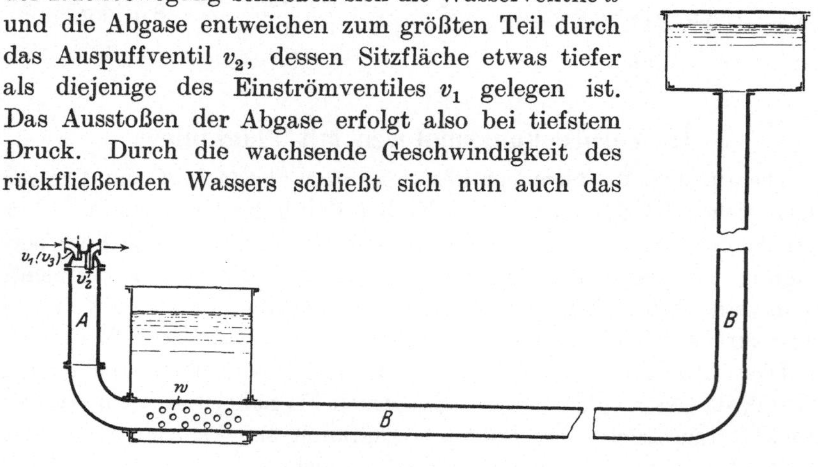

Abb. 8.

Auspuffventil und der eingeschlossene Luftinhalt bildet ein Luftkissen im Zylinderkopf mit einem Enddruck, der höher ist, als der statischen Wassersäule entspricht. Durch diese Aufspeicherung von Arbeit entsteht eine zweite Schwingung der Wassersäule nach vorwärts, die vorhin aufgewendete Verdichtungsarbeit wird durch die Expansion

wieder gewonnen (abgesehen von der Wasserreibung). Diese zweite
Ausdehnung erreicht den atmosphärischen Druck, wenn der Wasser-
spiegel im Zylinder auf die Höhe des Auspuffventils gesunken ist.
Die angefangene Bewegung nach vorwärts dauert aber fort, der nun
entstehende Unterdruck öffnet das schwach belastete Einströmventil
und saugt eine neue Ladung an. Beim nochmaligen Rückgang der
Wasserschwingung wird das Gas-Luftgemisch verdichtet (AB Abb. 3)
worauf die Entzündung erfolgt.

Die beschriebene Wirkungsweise vollzieht sich in vier Arbeitshüben,
deren einzelne Phasen ungleich lang andauern. Sie sind aus dem Indikator-Diagramm (Abb. 9) ersichtlich, wo die Zeiten als Abszissen aufgetragen sind. Es sind folgende Abschnitte zu unterscheiden:

1. Vorschwingen (Arbeitshub): a Zündung, a—b Verbrennung, b—c
Expansion, c—d Einfüllen der neuen Wassermenge, Auswaschen des
Gasraumes durch Spülluft.

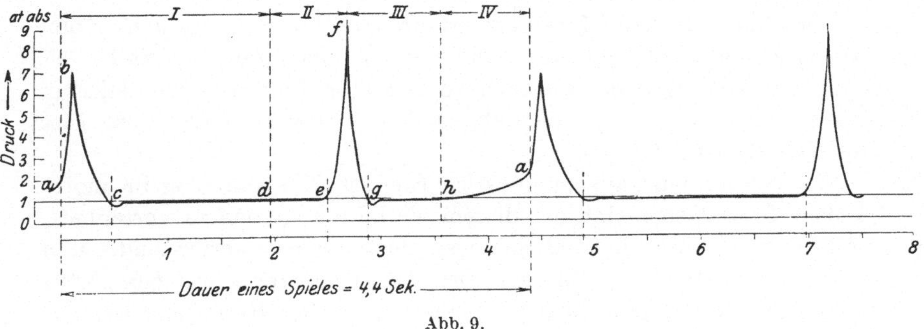

Abb. 9.

2. Rückschwingen: d—e Auspuff, e—f Kompression der Luft.

3. Vorschwingen: f—g Expansion der Luft, g—h Ansaugen der neuen
Ladung.

4. Rückschwingen: h—a Kompression der neuen Ladung, a Zündung.

Das beschriebene Verfahren kann vom thermodynamischen Standpunkt aus als ein bedeutender Fortschritt bezeichnet werden, da die
Expansion bis zum Außendruck fortgesetzt wird. Zur Ausführung sind
nur vereinzelte Anlagen gekommen; das stoßweise Arbeiten der großen
Volumen mag wohl zu Schwierigkeiten im Betrieb geführt haben.

b) Verfahren von Pescara. Die dem Erfinder geschützte Anordnung
zeigt einen langen Kolben, der sich vollständig frei in einem beidseitig
abgeschlossenen Zylinder bewegen kann. Die eine Zylinderseite (z. B.
die linke) arbeitet als Zweitakt-Verbrennungsmotor (Ölmotor), die andere Seite als Luftkompressor.

Im ersten Takt erfolgt Verbrennung und Expansion bis fast auf
den Außendruck, auf der anderen Seite Verdichtung und Ausstoßen

der Druckluft-Ladung. Die Arbeitsübertragung geschieht demnach unmittelbar vom arbeitenden Gas an die Druckluft. Beim Rückgang des Kolbens zeigt sich auf der rechten Seite zuerst die bekannte Expansion der Restluft aus dem schädlichen Raum, deren Arbeit zur Beschleunigung des Kolbens Verwendung findet, daran schließt sich das Einfüllen neuer Luft. Auf der Motorenseite hat die Spülung bereits etwas vor dem rechten Totpunkt eingesetzt, sie wird unterbrochen, sobald der Kolben auf seinem Rückgang die Auspuff- und die Spülluftschlitze überdeckt hat, worauf die Verdichtung der Ladung beginnt. Etwas vor dem linken Totpunkt wird Gasöl eingespritzt und alsdann die Verbrennung eingeleitet.

Diese Vereinigung von zwei Kolbenmaschinen ist in ihrer Einfachheit unerreicht. Um einen idealen Massenausgleich zu erhalten, liegt der Zylinder frei gleitend auf dem Rahmen; der Schwerpunkt aller Massen ändert sich daher während der Bewegung nicht, da die Bewegungsgröße von Kolben und Zylindermasse in allen Lagen dieselbe bleibt.

Man kann die zum Zweitaktverfahren nötige Spülluft dem Kompressor-Zylinder entnehmen, wenn man an einer gewissen Stelle des Zylinders einen Teil der schwach verdichteten Luft in einen Behälter entweichen läßt, von wo die Luft zu den Schlitzen an der Motorseite des Zylinders fließt.

Die bereits betonte sehr günstige Brennstoff-Ausnutzung im motorischen Prozeß erscheint bei diesem Verfahren besonders vorteilhaft, weil die mechanischen Übertragungsverluste äußerst gering sind. Man erhält damit Druckluft auf sehr wirtschaftliche Weise, was gerade für die Lösung des Gasturbinen-Problems von großer Bedeutung ist.

III. Kreisprozesse der Gasturbine.

12. Einleitung.

Die vielfachen Vorschläge zur Verwirklichung der Gasturbine beruhen einerseits auf dem gewaltigen Erfolg, den die Dampfturbine erfahren hat, andererseits auf dem Bedürfnis, eine Maschine für die gasförmigen und flüssigen Brennstoffe zu schaffen, die gegenüber den bisherigen Verbrennungsmotoren ähnliche Vorteile aufweist, wie die Dampfturbine gegenüber der Kolbendampfmaschine. Diese Vorteile bestehen in erster Linie im viel kleineren Gewicht der Turbine, in der hohen Drehzahl, im Wegfall der hin- und hergehenden Massen usw.

Der Kreisprozeß der Gasturbine besitzt gegenüber demjenigen der Kolbenmotoren den unbestreitbaren Vorteil, daß die Expansion in der Turbine bis auf den Atmosphärendruck fortgesetzt werden kann. Der Turbine wird somit eine größere Arbeit zur Verfügung gestellt als der Kolbenmaschine, wo die Expansion abgebrochen wird, wenn das Volumen erreicht ist, das der Stoff zu Beginn der Verdichtung besitzt.

Dieser Vorteil wird allerdings mehr als aufgehoben durch die große Arbeit, die zur Verdichtung der Ladung nötig ist. Erfolgt der Antrieb des Kompressors durch die Turbine selbst, so ist das Ergebnis durchaus unbefriedigend. Eine Verbesserung der Wirkung erreicht man, wenn der Kompressor eine besondere Antriebsmaschine erhält, die unter günstigen Bedingungen arbeitet. Eine weitere Schwierigkeit bildet die hohe Temperatur der Gase in den Schaufeln der Laufräder. Durch besondere Vorkehrungen läßt sich diese Temperatur vermindern, wodurch aber auch der Wirkungsgrad sinkt. Der Werkstoff für die Schaufeln ist so auszuwählen, daß er hohe Temperaturen auszuhalten vermag, ohne eine zu große Einbuße an Festigkeit und Zähigkeit erleiden zu müssen.

Dem Wesen nach verläuft der Arbeitsvorgang in der Gasturbine nach zwei Arten, je nachdem die Verbrennung der Ladung bei unveränderlichem Druck oder bei unveränderlichem Volumen geschieht.

Im ersten Fall wird das brennbare Gas und die dazu nötige Luft getrennt verdichtet, alsdann der Verbrennungskammer zugeführt, wo die Wärmeentwicklung bei gleichbleibendem Druck vor sich geht. In den an die Kammer angeschlossenen Düsen setzt sich die Wärme in Strömungsenergie um und die Gase fließen ununterbrochen durch die Schaufeln der Turbine in ähnlicher Weise wie bei den Dampfturbinen. Die abfließenden Gase enthalten noch bedeutende Wärmemengen, sie können zum Teil benutzt werden, um die verdichtete Ladung vorzuwärmen (Regenerator).

Die zweite Art lehnt sich an den Prozeß des Verpuffungsmotors (Gasmotor von Otto). Das verdichtete Gas-Luftgemisch kommt in der geschlossenen Explosionskammer zur Entzündung und verbrennt bei unveränderlichem Volumen. Nun entleert sich die Kammer und die zu den Düsen strömenden Gase setzen dort ihre Wärme in Strömungsenergie um und zwar bei abnehmendem Druck. Ist dabei der Druck in der Kammer auf den Enddruck der verdichteten Ladung gesunken, so tritt eine neue Ladung in die Kammer ein und stößt die noch vorhandenen Verbrennungsgase in die Düsen; inzwischen hat die neue Ladung die Kammer angefüllt und es erfolgt die Zündung. Verbrennung und Expansion erfolgen hier stoßweise und die erzeugten Impulse setzen sich bis in die Laufräder der Turbine fort (Holzwarth-Turbine).

Für beide Arten läßt sich die Anordnung der Anlage in zweierlei Weise ausführen. Der am häufigsten vorgeschlagene Zusammenbau zeigt die Turbine einerseits mit dem Turbokompressor unmittelbar gekuppelt; am anderen Wellenende wird der Überschuß an Leistung an den elektrischen Generator abgegeben. Eine zweite Möglichkeit des Zusammenbaues besteht darin, daß der Kompressor von einem besonderen Motor angetrieben wird, der unabhängig von der Gasturbine aufgestellt ist. Kann für die Gasverdichtung eine Gruppe mit höherem Wirkungsgrad verwendet werden, als dies bei der erstgenannten Anordnung der Fall ist, so verbessert sich die ganze Ausnützung wesentlich. Wählen wir z. B. für die Verdichtung einen Kolbenkompressor, der mit einem Dieselmotor eng zusammengebaut ist, so verlangt die Herstellung der Ladung den kleinsten Wärmeverbrauch. Es bleibt dann für die Gasturbine immer noch die Möglichkeit, einen anderen Brennstoff, z. B. Gichtgas oder Koksofengas zu verwenden. Wie im nachfolgenden gezeigt wird, hängt der Wirkungsgrad einer solchen Anlage davon ab, ob die Verdichtung der Ladung genügend sparsam vor sich gehen kann.

Verwendet man auch für die Turbine flüssigen Brennstoff, so ist nur Luft zu verdichten und die Anlage wird im Aufbau einfacher. Die Luft läßt sich durch die Abgase stark vorwärmen, da keine Vorzündungen zu befürchten sind wie bei einer Gas-Luftmischung.

Unter gewissen Umständen wäre die Beschaffung von Druckluft in Wasserkraftanlagen möglich, falls die Kosten genügend klein ausfallen.

Ist die Belastung des Wasserwerkes starken Schwankungen ausgesetzt, so könnte die Abfallkraft den Antrieb der Kompressoren übernehmen. Allerdings verlangt ihre Aufspeicherung große Behälter. Die Spitzenbelastungen würden die Gasturbinen übernehmen.

Um die Beschaffung großer Behälter zu vermeiden, ist ein Zusammenarbeiten dadurch möglich, daß die Wasserturbinen allein mit voller Eröffnung arbeiten, um den halben Strombedarf zu decken. Wächst der Bedarf, so wird eine Wasserturbine nach der anderen auf Druckluft umgeschaltet und die zugehörige Gasturbine in Betrieb genommen; damit könnte jede Einheit auf fast die doppelte Leistung gebracht werden.

13. Allgemeines über die Gleichdruck-Gasturbine.

Für die allgemeine Behandlung der Aufgabe nehmen wir an, der Turbine werde ein brennbares Gas (z. B. Gichtgas oder Koksofengas) zur Verfügung gestellt. Dieses Gas und die zur Verbrennung nötige Luft müssen zunächst vom Anfangsdruck p_1 auf den mehr oder weniger hohen Druck p_2 verdichtet werden, wobei dafür zu sorgen ist, daß die Temperatur so wenig als möglich steigt. Die ideale Verdichtung läuft nach der Isothermen, die im Entropie-Diagramm Abb. 10 als Wagrechte $A B$ dargestellt ist; die dazu nötige Arbeit ist als Rechteck unterhalb der Linie $A B$ sichtbar. Gas und Luft müssen getrennt verdichtet werden; die Bestimmung der Arbeit wird aber nicht beeinflußt, wenn wir uns beide Stoffe bereits vor der Verdichtung vereinigt denken. Ist m_0 das durchschnittliche Molekulargewischt der Mischung, so gibt

$$Q_{is} = T_1 \cdot \varDelta s / m_0$$

den Wärmewert der Verdichtungsarbeit auf 1 kg der Mischung.

Die tatsächliche Arbeit ist größer, da die Kühlung nicht ausreicht, um die Temperatur während der Verdichtung auf dem Anfangswert zu belassen. Dazu kommen Drosselwirkungen und mechanische Verluste. Die Einflüsse lassen sich rechnerisch im sog. „isothermischen" Wirkungsgrad η_k des Kompressors berücksichtigen, d. h. die wirkliche Verdichtungsarbeit beträgt Q_{is}/η_k.

Da die Gasturbine nur umlaufende Teile besitzt, hat man den Turbokompressor zur Verdichtung des Gases und der Luft vorgeschlagen. Sein Wirkungsgrad ist aber kleiner als derjenige der Kolbenmaschine, deshalb soll im folgenden angenommen werden, die Verdichtung erfolge in einem Kolbenkompressor, angetrieben durch einen Verbrennungsmotor, dessen Wärmeausnutzung besser ist als diejenige in der Gasturbine.

Das dort verdichtete Gemisch strömt in den Verbrennungsraum, an den sich die Düsen oder Leitkanäle anschließen; deshalb kann der Druck während der Verbrennung nicht steigen. Wir denken uns auch hier den Heizwert als Wärme von außen zugeführt, wobei wir unberücksichtigt lassen, daß der Heizwert während der Temperaturzunahme zufolge der Veränderlichkeit der spezifischen Wärme etwas abnimmt. Ferner ist der Unterschied der Heizwerte bei gleichbleibendem Druck und bei gleichbleibendem Volumen so klein, daß er vernachlässigt werden darf.

Im allgemeinen muß vom Heizwert diejenige Wärme abgezogen werden, die fortwährend an die Wandung der Verbrennungskammer

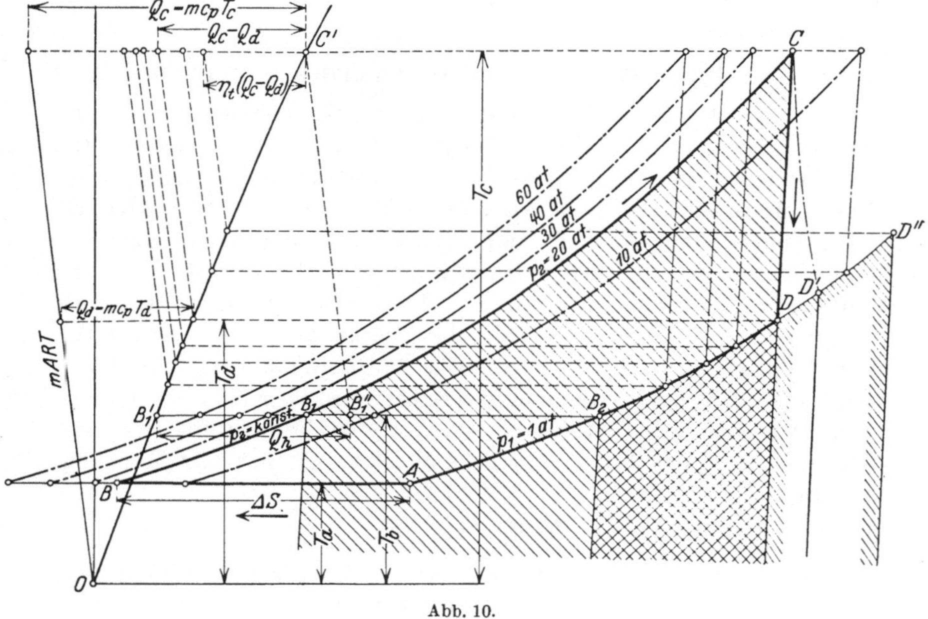

Abb. 10.

abfließt. Nehmen wir aber an, die noch recht heißen Abgase durchfließen zuerst den Mantel der Verbrennungskammer, bevor sie die Druckluft vorwärmen, so ist der Verlust an Heizwert durch Wärmeleitung klein genug, um ihn zu vernachlässigen.

Der Wärmeaustausch von den Abgasen zur verdichteten Mischung erfolgt am Druckrohr des Kompressors, durch dessen Mantel die Abgase fließen. Diese Erwärmung zeigt sich im Bild dadurch, daß der Zustandspunkt von B nach B_1 hinaufrückt (Abb. 10). Die Temperatur am Ende der Vorwärmung wählen wir nur so hoch, wie es für den weiteren Verlauf des Prozesses zulässig ist. Man erkennt nämlich leicht, daß es nur möglich ist, einen Teil der in den Abgasen verfügbaren Wärme an die Druckluft zu übertragen, sonst rückt die Expansion in einen Temperaturbereich, der vom thermo-dynamischen Standpunkt aus wertvoll ist, aber viel zu hohe Temperaturen für die Turbine ergibt.

In B_1 denken wir uns die Ladung in Verbrennungsprodukte umgewandelt und den Heizwert h als Wärmetönung von außen zugeführt. Bedeutet wieder n die Molzahl der Verbrennungsprodukte auf 1 kg Brennstoff, so ist $Q_h = h/n$.

Wir tragen daher diese Wärme vom Punkt B_1' der Wärmekurve auf der Wagrechten nach rechts ab und ziehen die Parallele zur Richtung $mART$, sie schneidet auf der Wärmekurve den Punkt C' ab und damit die Temperatur T_c am Ende der Verbrennung.

Ziehen wir von C aus die Adiabate CD bis zum Schnitt mit der p-Linie aus A, so erhalten wir die Wärme in D und der Unterschied der Wärmeinhalte $Q_c - Q_d$ ist das theoretische Wärmegefälle, bezogen auf 1 Mol der Verbrennungsgase. Hat man das Molekulargewicht dieser Mischung berechnet, so findet sich das theoretische Wärmegefälle für 1 kg des Stoffes zu

$$H_0 = \frac{Q_c - Q_d}{m}. \tag{19}$$

Die wirkliche Expansion (CD') verläuft rechts von der Adiabaten (CD), und zwar bedeutet der Unterschied der Wärmeinhalte in D und in D' die in den Düsen rückgebildete Reibungswärme. In der Turbine entstehen weitere Verluste, die zu einer nochmaligen Erhöhung der Temperatur führen; daher gibt der höher gelegene Punkt D'' den Zustand hinter dem Laufrad an.

Der Düsenverlust ist durch den Flächenstreifen unter DD' dargestellt; die im Laufrad entstehende Reibungswärme zeigt sich als Flächenstreifen unter $D'D''$. Der Endpunkt D'' wird gefunden, wenn man die nutzbar gemachte Wärme $\eta_l (Q_c - Q_d)$ von C' aus wagrecht nach links abträgt und die Parallele zur Richtung $mART$ zieht, bis sie die Wärmekurve trifft, der gefundene Punkt gibt die Höhenlage von D''.

Bei der einstufigen Turbine wird das ganze Wärmegefälle in einer einzigen Düsengruppe in Strömungsenergie umgesetzt. Hierzu sind sog. „Laval‟-Düsen nötig, bei denen auf den engsten Querschnitt eine allmähliche Erweiterung folgt. Die theoretische Ausflußgeschwindigkeit ergibt sich aus der Gleichung

$$H_0 = \frac{c_0^2}{2\,g}\,A,$$

mit $1/A = 427$ wird

$$c_0 = 91{,}5\,\sqrt{H_0}. \tag{20}$$

Die einstufige Ausdehnung ergibt sehr hohe Ausflußgeschwindigkeiten aus den Düsen. Um die Umfangsgeschwindigkeit in brauchbaren Grenzen zu halten, ist als einfachste Gasturbine ein Scheibenrad mit zwei oder drei Geschwindigkeitsstufen anzuordnen.

Damit die Temperatur im Turbinengehäuse in erträglichen Grenzen bleibt, muß mit genügend großem Luftüberschuß gearbeitet werden. Als weiteres Mittel zur Abschwächung der Gastemperaturen ist vorgeschlagen worden, in den Verbrennungsraum Wasser einzuspritzen. Die Turbine erhält nun ein Gemisch von Verbrennungsgasen und viel Wasserdampf. Wir betrachten beide Möglichkeiten gesondert.

14. Berechnung der Gleichdruckturbine mit getrennter Verdichtung.

Der Turbine werde die gasförmige Brennstoffmenge B_t (kg/h) in der Stunde zur Verfügung gestellt, von der jedes Kilogramm die Luftmenge L benötigt; der Kompressor hat demnach B_t kg Gas und $B_t . L$ kg Luft in der Stunde anzusaugen und zu verdichten. Da 1 kg Gas die Verdichtungsarbeit Q_{is} verlangt, muß für diesen Betrieb die Leistung

$$N_k = \frac{Q_{is}(1+L)B_t \cdot 427}{3600 \cdot 75\,\eta_k} = \frac{Q_{is}(1+L)B_t}{632 \cdot \eta_k} \tag{21}$$

aufgewendet werden. Will man die Kammer der Gasturbine mit flüssigem Brennstoff speisen, so hat der Kompressor nur Luft zu verdichten und die Leistungsaufnahme beträgt

$$N_k = \frac{Q_{is} \cdot L \cdot B_t}{632 \cdot \eta_k} \;.$$

Das Einpressen von Rohöl in die Verbrennungskammer verlangt allerdings auch Arbeit zum Betrieb der kleinen Pumpe, dieser sehr kleine Betrag darf wohl ohne Fehler vernachlässigt werden.

Für die Berechnung der Nutzleistung ist der thermodynamische Wirkungsgrad η_t der Turbine maßgebend, er berücksichtigt die Verluste in den Düsen, im Laufrad, sowie die Radscheibenreibung, Lagerreibung und die Ölpumpenleistung. Mit diesem Wert folgt für die Nutzleistung der Turbine

$$N_t = \frac{H_0(1+L)B_t \cdot \eta_t}{632} \;. \tag{22}$$

Würde der Kompressor unmittelbar von der Gasturbine angetrieben, so würde die nach außen abzugebende Nutzleistung $N_t - N_k$ betragen, somit würde ein Gesamtwirkungsgrad von

$$\eta_g = \frac{(N_t - N_k)\,632}{(1+L)B_t \cdot h} = \frac{H_0\,\eta_t - Q_{is}/\eta_k}{h} \tag{23}$$

erhältlich sein. Man erkennt, daß das Ergebnis nur dann befriedigen kann, wenn η_t und η_k genügend groß sind. Namentlich ist der Kompressor-Wirkungsgrad von großem Einfluß.

Nun wollen wir aber die beiden Gruppen trennen; man erhält auf diese Weise die ganze Leistung N_t an der Turbinenwelle, dafür braucht

man aber außer der Brennstoffmenge B_t in der Turbine die Brennstoffmenge B_k im Motor des Kompressors. Wählt man z. B. für letzteren
Rohöl mit dem Heizwert h_k und für die Turbine Gichtgas mit dem Heizwert h_i, so folgt aus den Gl. (21) und (22) für das Verhältnis beider
Leistungen

$$\frac{N_k}{N_t} = \frac{Q_{is}}{H_0 \cdot \eta_k \cdot \eta_t}. \tag{24}$$

Der Gesamtwirkungsgrad, bezogen auf die in den Brennstoffen enthaltenen Wärmen, ist der Quotient aus der Turbinen-Nutzleistung
durch die Summe der in beiden Brennstoffen enthaltenen Wärmen

$$\eta_g = \frac{N_t \cdot 632}{h_k \cdot B_k + h_t \cdot B_t}. \tag{25}$$

Man kann den bekannten Gesamtwirkungsgrad η_g' des Kompressor-
Motors einführen, dessen Zusammenhang mit seinem Brennstoffverbrauch durch die Gleichung

$$\eta_g' = \frac{N_k \cdot 632}{h_k \cdot B_k} = \frac{632}{h_k \cdot \beta} \tag{26}$$

gegeben ist, wo $\beta = B_k/N_k$ den Verbrauch auf je 1 PS/h bedeutet;
hieraus ist

$$h_k \cdot B_k = \frac{N_k \cdot 632}{\eta_g'}; \qquad h_t \cdot B_t = \frac{N_k \cdot \eta_k \cdot 632 \cdot h_t}{Q_{is}(1+L)}$$

eingesetzt gibt

$$\eta_g = \frac{N_t}{N_k \left(\dfrac{1}{\eta_g'} + \dfrac{\eta_k h_t}{Q_{is}(1+L)} \right)} \tag{27}$$

oder

$$\eta_g = \frac{H_0 (1+L) \eta_t}{\dfrac{Q_{is}(1+L)}{\eta_g' \cdot \eta_k} + h_t}. \tag{28}$$

Wird für beide Verbrennungsarten derselbe Brennstoff (Rohöl)
verwendet, so ergeben sich mit $h_t = h_k = h$ folgende Beziehungen:

$$\eta_g = \frac{N_t \cdot 632}{h \, (B_k + B_t)} \tag{29}$$

oder

$$\eta_g = \frac{H_0 (1+L) \eta_t}{h \left(1 + \dfrac{\beta Q_{is} L}{632 \, \eta_k} \right)}. \tag{30}$$

Um einen Einblick in die Größenverhältnisse zu erhalten, soll der
geschilderte Vorgang zahlenmäßig verfolgt werden. Wir wählen zu
diesem Zweck als Brennstoff für die Turbine das in Abschnitt 5 behandelte Gichtgas. Der dort angegebene Heizwert von 921 kcal bezieht sich auf 1 m³ der Gasmischung. Zur Umrechnung auf Kilogramm
ist zunächst das Molekulargewicht des Gichtgases zu berechnen aus

$$m_g = 2 \cdot 0{,}04 + 28 \cdot 0{,}29 + 44 \cdot 0{,}1 + 28 \cdot 0{,}57 = 28{,}55$$

Gaskonstante: $\qquad\qquad\qquad\qquad R = 848/28{,}55 = 29{,}7$

Spezifisches Gewicht (0°, 760 mm Hg): $\quad \gamma = \dfrac{10\,330}{273 \cdot 29{,}7} = 1{,}27 \text{ kg/m}^3$

Heizwert: $\qquad\qquad\qquad\qquad\qquad h_t = 921/1{,}27 = 726 \text{ kcal/kg}.$

Wählen wir als Luftüberschuß-Ziffer $k = 2$, so beträgt die Luftmenge zur Verbrennung von $1\,\text{m}^3$ Gas $= 1{,}56\,\text{m}^3$. Wir dürfen diese Zahl auch auf 1 kg Gas beziehen, da sich die Gaskonstante für das brennbare Gas nur sehr wenig von der für Luft unterscheidet. Es ist demnach $L = 1{,}56$ kg auf 1 kg Gas.

Ferner wurde gefunden (s. Abschnitt 5)

Molekulargewicht der Verbrennungsgase: $\qquad m = 30{,}7$

Molzahl auf $1\,\text{m}^3$ der Gase: $\qquad\qquad\quad n = 0{,}1068$

Wärmetönung (Heizwert): $\qquad Q_h = 921/0{,}1068 = 8620 \text{ kcal/Mol}$

Konstante b der spez. Wärme $\qquad\qquad b = 0{,}00158$.

Zur Aufzeichnung des Entropie-Diagrammes Abb. 10 wählen wir

$$\begin{aligned}
&\text{Druck vor Kompressor:} && p_1 = 1 \text{ at abs.} \\
&\text{Temperatur vor Kompressor:} && T_a = 300° \text{ abs.} \\
&\text{Enddruck der Verdichtung:} && p_2 = 20 \text{ at abs.} \\
&\text{Temperatur Ende Vorwärmung:} && T_b = 500° \text{ abs.}
\end{aligned}$$

Zur Berechnung der Verdichtungsarbeit ist zunächst das Molekulargewicht der Mischung von Gichtgas und Luft zu berechnen, aus

$$m_0 = \frac{2{,}56}{\dfrac{1}{28{,}55} + \dfrac{1{,}56}{28{,}95}} = 28{,}9 \, ,$$

also fast genau gleich wie für Luft allein. Diese Mischung erfährt durch die Verdichtung die Entropieverminderung $\varDelta s = 6{,}0$, damit wird

$$Q_{is} = \frac{T_1 \cdot \varDelta s}{m_0} = \frac{300 \cdot 6{,}0}{28{,}9} = 62{,}4 \text{ kcal/kg}.$$

Mit $T_b = 500°$ abs. ist Punkt B_1 bestimmt. Durch Abtragen von $Q_h = 8620$ kcal/Mol an B_1' und Ziehen der Parallelen $B_1'' C'$ ergibt sich der Endpunkt der Verbrennung mit $T_c = 1580°$ abs. Die Adiabate CD läuft bis zur p-Linie durch A und man erhält durch Benutzung der Wärmekurve das theoretische Wärmegefälle

$$Q_c - Q_d = 6620 \text{ kcal/Mol}$$

oder

$$H_0 = 6620/30{,}7 = 216 \text{ kcal/kg} .$$

Im Endpunkt der Adiabate beträgt die Temperatur immer noch $T_d = 780°$ abs. (507° C). Soll das gefundene Wärmegefälle auf einmal in Strömungsenergie umgesetzt werden, so entsteht die theoretische Ausflußgeschwindigkeit

$$c_0 = 91{,}5 \sqrt{216} = 1350 \text{ m/s} .$$

Für den thermodynamischen Wirkungsgrad einer solchen Turbine darf nicht mehr als $\eta_t = 0,65$ gesetzt werden. Da der Kompressor denselben Kurbeltrieb erhalten kann wie sein Antriebsmotor, schätzen wir den isothermischen Wirkungsgrad zu $\eta_h = 0,7$. Nimmt man hierzu einen kompressorlosen Dieselmotor mit einem Brennstoffverbrauch von $\beta = 174\,g$ auf 1 PS/h, bei einem Heizwert von $h_k = 10100$ kcal/kg, so besitzt dieser Motor einen Gesamtwirkungsgrad von

$$\eta_g' = \frac{632}{10100\cdot0,174} = 0,36,$$

damit ergibt sich

$$\frac{Q_{is}(1+L)}{\eta_g'\cdot\eta_k} = \frac{62,4\cdot2,56}{0,36\cdot0,7} = 634$$

und der Gesamtwirkungsgrad der ganzen Anlage nach Gl. (28)

$$\eta_g = \frac{216\cdot2,56\cdot0,65}{634 + 726} = 0,264 .$$

Endlich beträgt das Verhältnis der beiden Motorenleistungen nach Gl. (24)

$$\frac{N_k}{N_t} = \frac{62,4}{216\cdot0,7\cdot0,65} = 0,634 .$$

Der gefundene Gesamtwirkungsgrad entspricht ungefähr dem in einem Gichtgasmotor erreichbaren Wert. Die Anschaffungskosten sind dabei allerdings groß und die Anlage wird verwickelt.

In Abb. 10 ist der Prozeß für verschiedene Enddrücke der Verdichtung gezeichnet bei sonst unveränderten Verhältnissen; daraus haben sich folgende Werte ergeben:

Enddruck-Kompr. at abs.	10	20	30	40	60
Temp. Ende Verbr. . . . . . ^{0} C abs.	1580	1580	1580	1580	1580
Temp. Ende Adiabate . . . ^{0} C abs.	925	780	710	654	590
Theor. Wärmegefälle . . kcal/Mol	5500	6620	7250	7620	8200
Theor. Wärmegefälle . . . kcal/kg	179	216	236	248	267
Theor. Geschwindigkeit . . . m/sek	1225	1350	1410	1440	1495
Entropie-Abnahme Kompr. Δs . . .	4,55	6,0	6,7	7,3	8,14
Isoth. Arbeit Q_{is} . . . . kcal/kg	47,6	62,4	70,0	76,3	85,0
Leistungsverhältnis N_k/N_t	0,58	0,64	0,65	0,68	0,70
Gesamtwirkungsgrad η_g . . . . vH.	24,7	26,4	27,3	27,5	27,9

Vergleichen wir die gewonnenen Zahlen untereinander, so ergeben sich folgende Schlüsse grundsätzlicher Natur:

a) Die im Brennstoff enthaltene Wärme kann in der Gasturbine annähernd gleich gut ausgenutzt werden wie im Kolbengasmotor, wenn das Gas-Luftgemisch unter besonders günstigen Verhältnissen verdichtet werden kann.

b) Je größer der Enddruck der Verdichtung gewählt wird, desto günstiger stellt sich der Gesamtwirkungsgrad, desto besser ist also die Ausnutzung des Brennstoffes. Diese Tatsache zeigt sich im Entropie-

Diagramm daran, daß sich der ganze Linienzug um so mehr nach links verschiebt, je größer der Druck während der Verbrennung ist.

c) Mit diesem Druck vergrößert sich auch das in Strömungsenergie umzusetzende Wärmegefälle. Dieser Umstand ist bei der einstufigen Turbine als Nachteil aufzufassen, da die Austrittsgeschwindigkeit aus der Düsengruppe unzulässig hohe Werte annimmt. Erst wenn es gelingt, Turbinen mit mehreren Druckstufen zu bauen, bedeutet ein großes Gesamt-Wärmegefälle einen Vorteil, da man nun die Einzelgefälle für jede Stufe genügend klein halten kann.

d) Wie aus Abb. 10 ersichtlich, ergibt sich als weiterer Vorteil eines hohen Verdichtungsdruckes eine kleinere Endtemperatur der Gase beim Austritt aus der Düse.

e) Während der Verdichtung soll die Temperatur möglichst wenig steigen. Erst wenn der Enddruck erreicht ist, darf vorgewärmt werden, aber nur so hoch, daß dadurch die Temperatur im Laufrad der Turbine nicht unzulässig hoch steigt.

f) Die Ausnutzung des Heizwertes ist in hohem Grade von den Einzelwirkungsgraden abhängig. Setzen wir z. B.

$$\text{für die Turbine:} \qquad \eta_t = 0{,}6\,,$$
$$\text{für den Kompressor:} \qquad \eta_k = 0{,}6\,,$$
$$\text{für seinen Motor:} \qquad \eta_g{}' = 0{,}25$$

ein, so sinkt der Gesamtwirkungsgrad unter sonst gleichen Umständen auf

$$\eta_g = \frac{216 \cdot 2{,}56 \cdot 0{,}6}{\dfrac{62{,}4}{0{,}25 \cdot 06} + 726} = 0{,}185\,,$$

er hat also um 30 vH. abgenommen gegenüber den ersten Annahmen.

g) Bisher haben die meisten Vorschläge darin bestanden, die Gasturbine müsse den Kompressor antreiben und nur den Überschuß nach außen abgeben. Für diesen Fall ist

$$\beta = \frac{B}{N_t - N_k} = \frac{632}{(1 + L)\,(H_o \cdot \eta_t - Q_{is}/\eta_k)}\,.$$

Mit $\eta_k = 0{,}6$ für den Turbokompressor und $\eta_t = 0{,}60$ für die Turbine ist

$$\eta_g = \frac{632}{\beta\,h} = \frac{(1 + L)\,(H_0 \cdot \eta_t - Q_{is}/\eta_k{}')}{h}\,,$$

$$\eta_g = \frac{2{,}56\,(216 \cdot 0{,}6 - 62{,}4/0{,}6)}{726} = 0{,}091\,.$$

Diese Anordnung ist unter den vorliegenden Annahmen vollständig unbrauchbar.

Die Zahlentafel zeigt, daß die Temperatur im Laufrad immer noch bedenklich hoch steht und für die Festigkeit der Schaufeln gefährlich werden kann. Ferner ist zu bedenken, daß die Strömungsverluste in den Düsen und im Laufrad eine Rückbildung in Wärme verursachen; die wirkliche Endtemperatur ist daher noch höher als die adiabatische. Es sind daher Mittel zu suchen, um diese Temperatur herabzusetzen, ohne daß dadurch die thermische Ausnutzung wesentlich verschlechtert werden darf.

15. Mehrstufige Gleichdruckturbine.

Die im vorigen Abschnitt erwähnten Schwierigkeiten vermindern sich bedeutend, wenn das Wärmegefälle nach dem Vorbild der Dampfturbine in mehrere Stufen unterteilt wird. In Abb. 11 ist das Diagramm für zwei Druckstufen entworfen; man erkennt sofort die Absicht, die hohen Gasgeschwindigkeiten und die hohen Temperaturen in den Schaufeln der Laufräder nach Möglichkeit herabzusetzen.

Für das in Abb. 11 gezeichnete Beispiel wählen wir als Brennstoff das in Abschnitt 5 behandelte Gasöl in der Turbine und im Kompressormotor. Sein Heizwert beträgt $h = 10100$ kcal/kg und die theoretische Luftmenge $L_0 = 14,01$ kg auf 1 kg Gasöl.

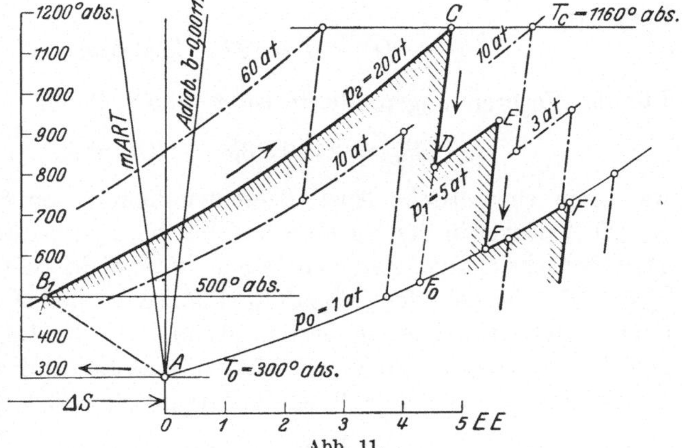

Abb. 11.

Ein wirksames Mittel zur Herabsetzung der Gastemperaturen besteht darin, einen großen Luftüberschuß in die Verbrennungskammer zu führen. Wir wählen deshalb für dieses Beispiel die Luftüberschußziffer $k = 4$ und damit die wirkliche Luftmenge $L = 56,04$ kg auf 1 kg Brennstoff.

Die Molzahl ist zu $n = 1,975$ berechnet worden, damit ist die Wärmetönung $Q_h = 10100/1,975 = 5110$ kcal/Mol. Für den Enddruck der Verdichtung soll wieder $p_2 = 20$ at gewählt werden, damit ist $\Delta s = 6,0$ und der Wärmewert der Verdichtungsarbeit beträgt bei $m_0 = 29$ für Luft

$$Q_{is} = \frac{\Delta s \cdot T_0}{m_0} = \frac{6,0 \cdot 300}{29} = 62,0 \text{ kcal/kg}.$$

Die Größe der Maschinenanlage soll derart bemessen sein, daß die Verbrennungskammer der Turbine die Ölmenge $B_t = 360$ kg/h in der Stunde verarbeiten kann. Der Kolbenkompressor mit dem isothermischen Wirkungsgrad $\eta_k = 0{,}7$ verlangt die Leistung

$$N_k = \frac{Q_{is} \cdot L \cdot B_t}{\eta_k \cdot 632} = \frac{62 \cdot 56 \cdot 360}{0{,}7 \cdot 632} = 2820 \; \mathrm{PS}.$$

Wir setzen wieder voraus, die Abgase seien imstande, die Temperatur der Druckluft durch Wärmeaustausch auf $T_b = 500^0$ abs. zu bringen; dadurch ist der Anfangspunkt der Verbrennung B_1 in Abb. 11 gegeben. Durch die Wärmetönung $Q_h = 5110$ kcal/Mol steigt die Temperatur am Ende der Verbrennung auf $T_c = 1160$ (Linie $B_1 C$). In der Kammer des ersten Laufrades soll der Druck von $p_1 = 5$ at herrschen, damit ist die Länge der Expansionslinie CD bestimmt und das verfügbare theoretische Wärmegefälle ergibt sich mit Hilfe der Wärmekurve zu

$$Q_c - Q_d = 2700 \; \mathrm{kcal/Mol},$$

Für die Verbrennungsprodukte ist $m = 28{,}8$, daher

$$H_0{}' = 2700/28{,}8 = 94 \; \mathrm{kcal/kg},$$

was eine theoretische Ausflußgeschwindigkeit von 886 m/sek ergibt.

Die Verluste in der Turbine sind im thermodynamischen Wirkungsgrad berücksichtigt, den wir auch hier nicht höher schätzen als $\eta_t = 0{,}65$, obschon der Schaufelwirkungsgrad höher bewertet werden könnte. Die Begründung besteht darin, daß die Radscheibenreibung der Hochdruckstufe größer ausfällt, da das Laufrad von Gas mit 5 at Druck umgeben ist. Für dieses Rad ergibt sich die Leistung

$$N' = \frac{H_0{}' \cdot (1 + L) \cdot B_t \cdot \eta_t}{632} = \frac{94 \cdot 57 \cdot 360 \cdot 0{,}65}{632} = 1980 \; \mathrm{PS}.$$

Die Verluste der ersten Stufe erhöhen die Temperatur über den Betrag der adiabatischen Expansion von D auf Punkt E. Man findet diesen Punkt E durch Abtragen des wirklichen Wärmegefälles $\eta_t (Q_c - Q_d)$ an Stelle des theoretischen. Für die zweite Stufe ist die Strecke EF die Adiabate und man erkennt die auch bei Dampfturbinen geschätzte Tatsache, daß die Verluste der ersten Stufe den Wärmeinhalt vergrößern, so daß ein Teil dieser Verluste in der zweiten Stufe zurückgewonnen wird (Parallelogramm $DEFF_0$). Die zweite Stufe gibt das theoretische Wärmegefälle

$$Q_e - Q_f = 2500 \; \mathrm{kcal/Mol}, \qquad H_0{}'' = 2500/28{,}8 = 86{,}9 \; \mathrm{kcal/kg}.$$

Schätzen wir den thermodynamischen Wirkungsgrad in Rücksicht auf die kleinere Scheibenreibung zu $\eta_t = 0{,}7$, so beträgt die Leistung der zweiten Stufe

$$N'' = \frac{86{,}9 \cdot 57 \cdot 360 \cdot 07}{632} = 1970 \; \mathrm{PS}.$$

Im ganzen gibt die Turbine ab $N_t = 1980 + 1970 = 3950$ PS. Die Leistung des Kompressormotors beträgt $N_k/N_t = 0,715$ der Turbinenleistung. Nimmt man für den Kolbenmotor einen Brennstoffverbrauch von $\beta = 174\,g$ auf 1 PS/h, so ist der Verbrauch im ganzen

$$B_k = 2820 \cdot 0,174 = 490 \text{ kg/h}.$$

Für beide Maschinen wird verbraucht $B = 360 + 490 = 850$ kg/h. Damit ist der Gasölverbrauch bezogen auf 1 PS der Turbinenleistung

$$\beta = 850/3950 = 0,215 \text{ kg/PS/h}$$

und der Gesamtwirkungsgrad

$$\eta_g = \frac{632}{10\,100 \cdot 0,215} = 0,29\,.$$

Das Ergebnis zeigt, daß die Ausnutzung des Brennstoffes selbst unter sehr günstigen Bedingungen nicht an diejenige im Dieselmotor heranreicht.

Hinter dem zweiten Laufrad entsteht eine Temperatur (Punkt F'), die höher ist als der adiabatischen Expansion entspricht; sie ist auch wesentlich höher (727^0 abs.) als diejenige nach Abgabe der Wärme an die Druckluft. Der vorausgesetzte Wärmeaustausch wird also sicher erreicht, obschon auch hier mit Wärmeverlusten gerechnet werden muß.

Für mehrstufige Gleichdruckturbinen ist vorgeschlagen worden, die erste Stufe mit sehr großem Luftüberschuß, d. h. mit wenig Brennstoff arbeiten zu lassen; dafür soll das Treibmittel zwischen den Teilturbinen eine Wiedererwärmung erfahren durch Einspritzen von Gasöl in Zwischen-Verbrennungskammern. Man kann in diese Kammern neue Druckluft einführen; wenn aber der Luftüberschuß genügend groß ist, kann davon abgesehen werden, außerdem läßt sich die Druckluft vor der ersten Stufe stark vorwärmen (Schweiz. Patent 119554).

In Abb. 11 ist der Prozeß für zwei andere Kompressionsenddrücke eingezeichnet. Wählen wir das eine Mal für die erste Stufe eine Ausdehnung von 60 at auf 10 at und für die zweite Stufe von 10 at auf 1 at, so rückt der ganze Linienzug nach links und die Temperaturen in beiden Laufradgehäusen kommen auf zulässige Werte herunter. Allerdings wachsen gleichzeitig die Wärmegefälle der Einzelstufen und damit die Gasgeschwindigkeiten; es steht aber nichts im Wege, diesem Umstand durch Verwendung einer größeren Stufenzahl abzuhelfen.

Der andere in Abb. 11 gezeichnete Linienzug setzt voraus, die Luft werde nur auf 10 at verdichtet; der neue Linienzug rückt nun nach rechts und die Temperaturen steigen wieder in gefahrdrohender Weise. Man müßte in diesem Fall den Luftüberschuß vergrößern und mehr Stufen anwenden.

Mit diesen Annahmen ergeben sich folgende Werte:

Druck Ende-Kompression at abs.		60	20	10
Temp. Ende, Verbrennung	^{0}C abs.	1160	1160	1160
Druck Ende, I. Stufe	at abs.	10	5	3
Theor. Wärmegefälle, I. Stufe . . .	kcal/Mol	3350	2700	2470
" " . . .	kcal/kg	116,5	94,0	85,6
Geschwindigkeit Ende, Düse	m/sek	990	886	845
Temp. Anfang, II. Stufe	^{0}C abs.	910	935	960
Theor. Wärmegefälle, II. Stufe . . .	kcal/Mol	3100	2500	1900
" " . . .	kcal/kg	107,7	86,9	66,0
Temp. Ende, II. Stufe	^{0}C abs.	645	720	800
Kompr.-Arbeit Q_{is}	kcal/kg	84,4	62	47
Gesamtwirkungsgrad η_g	vH.	29,8	29,0	28,3

16. Gleichdruck-Gasturbine mit Wassereinspritzung.

Zur Bekämpfung der hohen Temperaturen in der Gasturbine ist vorgeschlagen worden, eine abgemessene Menge Wasser in den Verbrennungsraum einzuspritzen. Da dieses Wasser sofort in überhitzten Dampf umgesetzt wird, bindet es einen bedeutenden Teil des Heizwertes; die Turbine empfängt ein gleichmäßig verteiltes Gemisch von Verbrennungsgasen und überhitzten Wasserdampf. Da dieser Gedanke auch heute noch oft in Erwägung gezogen wird, soll die Grundlage zur Berechnung der wichtigsten Verhältnisse im folgenden behandelt werden.

Wir nehmen an, auf m kg der Verbrennungsgase werden n kg Wasser eingeführt oder $\lambda = n/m$ kg Wasser auf 1 kg Gas. Auf jeden der beiden Bestandteile läßt sich die Zustandsgleichung anwenden, wenn man die Teildrücke p_d und p_g einführt, die jeder Teil für sich in demselben Raum V einnehmen würde. Man erhält für den Dampf

$$p_d \cdot V = n R_d T,$$

für das Gas

$$p_g \cdot V = m R_g T.$$

Das Druckverhältnis beträgt somit

$$\psi = \frac{p_d}{p_g} = \frac{n}{m} \frac{R_d}{R_g}. \tag{31}$$

Nach dem Gesetz von Dalton besteht der Gesamtdruck p_2 im Verbrennungsraum aus der Summe der Teildrücke

$$p_g + p_d = p_2,$$

damit betragen die Teildrücke

$$p_g = \frac{1}{1+\psi} p_2, \qquad p_d = \frac{\psi}{1+\psi} p_2. \tag{32}$$

Nun berechnen wir die Wärme zur Herstellung des Dampfes. Das Wasser bringt den kleinen Wärmeinhalt i_0 mit ($i_0 \sim t_0$), bis zu seiner

Verwandlung in trocken gesättigten Dampf ist sein Wärmeinhalt auf i'' angewachsen. Dieser Wert ist aus der Dampftafel zum Teildruck p_d abzulesen. Zur Herstellung dieses Dampfes ist demnach die Wärme $n(i'' - i_0)$ nötig. Nun wollen wir die Dampfwärme auf den Zustand in der Kammer unmittelbar vor der Verbrennung der Ladung beziehen; unter dieser Voraussetzung ist es möglich, daß die Sättigungstemperatur T_s kleiner ist als die Temperatur T_b der ankommenden vorgewärmten Ladung. Es muß daher der Dampf von der Temperatur T_s auf T_b überhitzt werden und braucht dazu die Wärme $c_{pd} \cdot n \cdot (T_b - T_s)$. Der umgekehrte Fall ist aber auch denkbar, dann wäre der Dampf von der größeren Temperatur T_s auf die kleinere T_b abzukühlen, ohne daß er in den Sättigungszustand zurück zu kehren braucht, es ist nun die Wärme $n c_{pd} (T_s - T_b)$ zu subtrahieren. Daher benötigt 1 Mol Dampf in jedem Fall die Wärme

$$Q_1 = n \left[i'' - i_0 - c_{pd} (T_s - T_b) \right]. \tag{33}$$

Mit dem Molekulargewicht $m' = 18$ des Wassers bestimmt sich die Molzahl des Dampfes auf 1 Mol der Verbrennungsgase zu

$$z = n \, m'$$

und damit die Konstante b_m der Dampf-Gas-Mischung aus der Beziehung über die Mischungswärme

$$b_m \cdot (1 + z) = b_g + z \cdot b_d. \tag{34}$$

Die Wärme Q_1 wird vom Heizwert Q_h bestritten, von ihm wird außerdem das Gemisch, bestehend aus 1 Mol Verbrennungsgasen und z Mol Dampf auf die hohe Temperatur T_c gebracht (Zustandsänderung von B nach C, Abb. 12). Dabei ändert sich der Wärmeinhalt von Q_b auf Q_c und es ist

$$Q_h = Q_1 + (1 + z)(Q_c - Q_b). \tag{35}$$

Die hieraus berechnete wirksame Wärmetönung $Q_c - Q_b$ ist wie gewohnt wagrecht an B' abzutragen, damit ist der Endpunkt C mit Hilfe der Wärmekurve erhältlich.

Zieht man die Expansionslinie CD mit einer Richtung, die der Konstanten b_m entspricht, so gibt der Schnittpunkt D mit der p-Linie durch A die Begrenzung des Wärmeinhaltes in diesem Punkt. Damit ist das theoretische Wärmegefälle $Q_c - Q_d$ der Turbine bestimmt. Für die Umrechnung ist das Molekulargewicht der Mischung m_0 aus

$$(1 + z) m_0 = m + \lambda m$$

zu bestimmen. Man findet

$$m_0 = \frac{1 + \lambda}{1 + z} \cdot m \tag{36}$$

und damit

$$H_0 = \frac{Q_c - Q_d}{m_0} = \frac{c_0^2}{2\,g}\,A. \tag{37}$$

Bei der Berechnung der Nutzarbeit ist zu berücksichtigen, daß auf
1 kg des brennbaren Gasgemisches ein Dampf-Verbrennungsgemisch von
$(1 + \lambda)$ kg entfällt, daher ist

$$N_t = \frac{(1 + \lambda)\, H_0 \cdot B_t\,(1 + L)\, \eta_t}{632}. \tag{38}$$

Für die Verdichtung der Ladung ist dieselbe Arbeit nötig wie bei

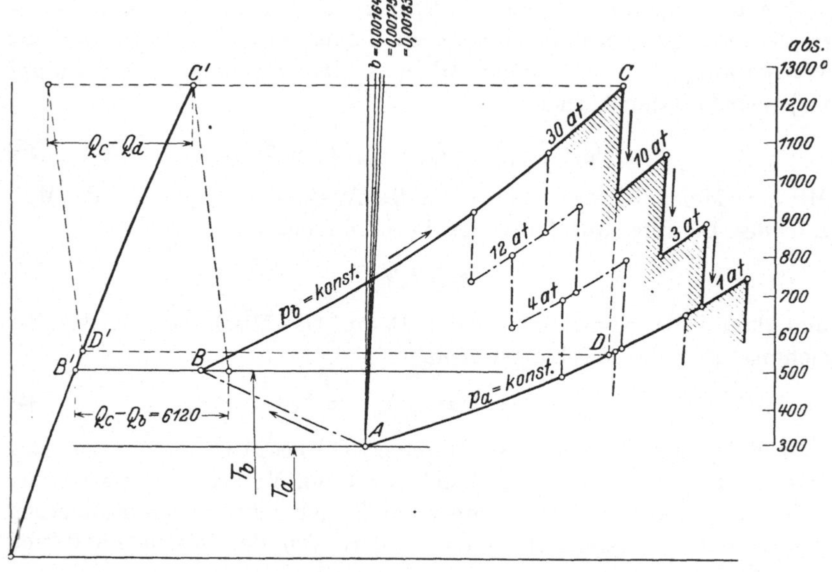

Abb. 12.

dem Vorgang ohne Wassereinspritzung; bei Verwendung von gas-
förmigem Brennstoff beträgt die Leistung des Kompressormotors

$$N_k = \frac{Q_{is}\,(1 + L)\, B_t}{\eta_k \cdot 632}, \tag{39}$$

damit ist das Verhältnis

$$\frac{N_k}{N_t} = \frac{Q_{is}}{(1 + \lambda)\, H_0 \cdot \eta_k\, \eta_t}. \tag{40}$$

Der Gesamtwirkungsgrad stellt sich auf

$$\eta_g = \frac{(1 + \lambda)\, H_0\,(1 + L)\, \eta_t}{\dfrac{Q_{is}\,(1 + L)}{\eta_k\, \eta_g'} + h_t}. \tag{41}$$

Wird flüssiger Brennstoff in beiden Motoren verwendet, so vereinfachen sich die Gleichungen auf

$$\frac{N_k}{N_t} = \frac{Q_{is} \cdot L}{(1 + \lambda) H_0 (1 + L) \eta_k \eta_t} .$$

$$\eta_g = \frac{(1 + \lambda) H_0 (1 + L) \eta_t}{\dfrac{Q_{is} L}{\eta_k \eta_g'} + h_t}$$

Die nicht in Arbeit umgesetzte Wärme hat den Betrag

$$Q_v = (1 - \eta_t)(Q_c - Q_d) \quad \text{kcal/Mol} .$$

Sie erhöht den Wärmeinhalt der abziehenden Gase und damit ihre Temperatur. Durch Eintragung dieser Verlustwärme erhält man den Punkt auf der p-Linie, der den Endzustand des Gases hinter dem letzten Laufschaufelkranz gibt.

Um den Einfluß der maßgebenden Größen zu erkennen, soll diese Rechnung zahlenmäßig verfolgt werden. Wir wählen zu diesem Zweck das bereits benutzte Gasöl sowohl für die Antriebsmaschine des Kompressors als auch für die Gasturbine. In ihrem Verbrennungsraum sollen $B_t = 360$ kg Öl mit dem Heizwert $h = 10100$ kcal/kg verbraucht werden. Hierfür beträgt der theoretische Luftverbrauch $L_0 = 14{,}01$ kg; wählen wir für das Beispiel die Luftüberschußziffer $k = 2$, so wird die wirkliche Luftmenge auf 1 kg Brennstoff $L = 28{,}02$ kg. Die Molzahl der Verbrennungsgase wurde zu 0,996 berechnet (S. 17), daher ergibt sich als umgerechneter Heizwert

$$Q_h = 10100/0{,}996 = 10140 \ \text{kcal/Mol} .$$

Die Luftmenge soll in besonderem Kolbenkompressor von 1 auf 30 at abs. verdichtet werden, die Umsetzung erfolge mit dem Wirkungsgrad $\eta_k = 0{,}7$ bezogen auf isothermische Verdichtung. Für diese Zustandsänderung wurde die Arbeit zu $Q_{is} = 70$ kcal/kg bestimmt; daher hat die Antriebsmaschine zu leisten

$$N_k = \frac{Q_{is} \cdot L \cdot B_t}{632 \cdot \eta_k} = \frac{70 \cdot 28 \cdot 360}{632 \cdot 0{,}7} = 1590 \ \text{PS} .$$

Setzt man für diese Maschine (kompressorloser Dieselmotor) einen Brennstoffverbrauch von $\beta_k = 0{,}174$ kg/PS/h voraus, so ist im ganzen nötig $B_k = 0{,}174 \cdot 1590 = 276$ kg/h und der Gesamtwirkungsgrad des Dieselmotors beträgt

$$\eta_g' = \frac{632}{10100 \cdot 0{,}174} = 0{,}36 .$$

Wenden wir uns nun der Turbine zu, so ist zunächst die Menge des Einspritzwassers anzunehmen, die zur Abschwächung des Heizwertes dient und die sichtbare Wärmetönung gibt. Wir wählen

$$n = 4 \text{ kg auf } m \text{ kg}$$

Verbrennungsgase oder

$$\lambda = n/m = 4/29 = 0{,}138$$

und erhalten das Verhältnis des Teildruckes von Dampf zu Wasser

$$\psi = \frac{n}{m} \cdot \frac{R_d}{R_g} = \frac{0{,}138 \cdot 47{,}1}{29{,}3} = 0{,}222 \,.$$

Die Molzahl des Dampfes auf 1 Mol der Gase ist

$$z = 4/18 = 0{,}222$$

und der Teildruck des Dampfes

$$p_d = \frac{\psi}{1+\psi}\, p_2 = \frac{0{,}222 \cdot 30}{1{,}222} = 5{,}45 \text{ at abs.}$$

Zu diesem Druck erhalten wir aus der Dampftafel die Sättigungstemperatur

$$t_s = 154{,}7^0$$

und den Wärmeinhalt

$$i'' = 658{,}4 \text{ kcal/kg.}$$

Wir nehmen auch in diesem Beispiel an, die verdichtete Luft werde durch die Auspuffgase kostenlos von 27^0 auf 227^0 vorgewärmt, ($T_b = 500^0$ abs.); auf diese Temperatur muß der Dampf gebracht werden und verlangt die Wärme

$$\begin{aligned}
Q_1 &= n\left[i'' - i_0 + c_{pd}(t_b - t_s)\right]\\
&= 4\left[658{,}4 - 27 + 0{,}5\,(227 - 154{,}7)\right] = 2660 \text{ kcal/Mol.}
\end{aligned}$$

Damit ergibt sich für die fühlbare Wärmetönung, d. h. für den während der Verbrennung zur Temperaturerhöhung verfügbarer Rest des Heizwertes

$$Q_b - Q_c = \frac{Q_h - Q_1}{1+z} = \frac{10140 - 2660}{1{,}222} = 6120 \text{ kcal/Mol.}$$

Die Molzahl der Dampf-Verbrennungsgas-Mischung beträgt

$$m_0 = \frac{1+\lambda}{1+z}\, m = \frac{1{,}138 \cdot 29}{1{,}222} = 27{,}0$$

und die Konstante b_m der spezifischen Wärme

$$b_m = \frac{b_g + z\, b_d}{1+z} = \frac{1{,}36 + 0{,}222 \cdot 2{,}9}{1000 \cdot 1{,}222} = 0{,}00164 \,.$$

Nun kann das Entropie-Diagramm gezeichnet werden. Mit b_m ist die Wärmekurve und die Richtung der Adiabaten bestimmt; wir tragen

in gewohnter Weise den Wert $Q_b - Q_c$ an den Punkt B' der Wärmekurve (Abb. 12) und ziehen durch den Endpunkt die Parallele zur
Richtung $m\,A\,R\,T$, sie schneidet auf der Wärmekurve den Endpunkt C'
der Verbrennung ab. Soll die Wärme in einer einzigen Druckstufe
in Strömung umgesetzt werden, so ist die Adiabate $C\,D$ bis zur p-Linie
für 1 at zu ziehen und man wird erhalten

$$Q_c - Q_d = 5800 \text{ kcal/Mol}$$

und das theoretische Wärmegefälle

$$H_0 = 5800/27 = 215 \text{ kcal/kg},$$

womit sich ein Gesamtwirkungsgrad einstellt von

$$\eta_g = \frac{1{,}138 \cdot 215 \cdot 29 \cdot 0{,}65}{\dfrac{70 \cdot 28}{0{,}7 \cdot 0{,}36} + 10\,100} = 0{,}253\,.$$

Da die einstufige Turbine sehr hohe Gasgeschwindigkeiten ergeben
würde, sind in Abb. 12 drei Druckstufen vorausgesetzt; in der ersten
Düsengruppe erfolgt die Expansion von 30 auf 10 at, in der zweiten
von 10 auf 3 und in der dritten von 3 auf 1 at. Die Ausnutzung verbessert sich nun, da die Verlustwärme der ersten Stufe die Temperatur
nicht so tief sinken läßt wie bei der verlustlosen adiabatischen Expansion. Aus der Zeichnung ergibt sich für das theoretische Wärmegefälle

$$
\begin{aligned}
&\text{I. Stufe:} && 2450/27 = && 90{,}6 && c_0 = 870 \text{ m/sek},\\
&\text{II. \quad\quad :} && 2300/27 = && 85{,}0 && c_0 = 835 \quad\quad\text{,,} \quad,\\
&\text{III. \quad\quad :} && 1750/27 = && \underline{65{,}0} && c_0 = 736 \quad\quad\text{,,} \quad,\\
&\text{im ganzen } H_0 = && && 240{,}6 \text{ kcal/kg}.
\end{aligned}
$$

Mit dem thermodynamischen Wirkungsgrad der Turbine von $\eta_t = 0{,}65$
folgt für die Nutzleistung

$$N_t = \frac{(1 + \lambda)\,H_0 \cdot B_t\,(1 + L)\,\eta_t}{632} = \frac{1{,}138 \cdot 240{,}6 \cdot 360 \cdot 29 \cdot 0{,}65}{632} = 2930 \text{ PS}.$$

Das Verhältnis beider Motorenleistungen beträgt

$$N_k / N_t = 1590 / 2930 = 0{,}545\,.$$

Im ganzen wird an Brennstoff verbraucht

$$B_t + B_k = 360 + 276 = 636 \text{ kg/h}$$

oder auf 1 Turbinenpferd in der Stunde $\beta = 636/2930 = 0{,}218 \text{ kg}$.
Demnach beträgt der Gesamtwirkungsgrad der Anlage

$$\eta_g = \frac{632}{10\,100 \cdot 0{,}218} = 0{,}287\,.$$

Wiederholen wir diese Rechnung unter der Annahme, es werde ein größerer Anteil Wasser eingespritzt (z. B. $n = 6$, $n = 8$), so ergeben sich die folgenden Werte:

Dampfmenge n auf m kg Gas		4	6	8
Dampfmenge λ auf 1 kg Gas . . .		0,138	0,207	0,276
Druckverhältnis Dampf/Gas ψ . . .		0,222	0,333	0,444
Molzahl Dampf auf 1 Mol Gas . . .		0,222	0,333	0,444
Dampf-Teildruck p_d	at abs.	5,45	7,5	9,2
Wärmeinhalt des Sattdampfes i'' .	kcal/kg	658,4	661,7	663,5
Temperatur „ „ t_s . .	°C	157,4	167,0	175,5
Wärme im Dampf gebunden Q_1 . .	kcal/Mol	2660	3990	5300
Fühlbare Wärmetönung $Q_b - Q_c$ . .	„	6120	4610	3320
Ges. Wärmegefälle H_0	kcal/kg	240,6	209,5	177,7
Theor. Geschw. I. Stufe c_0	m/sek	870	760	700
Mittl. Mol-Gewicht m_0		27,0	26,3	25,6
Konstante b_m der spez. Wärme . .		0,00164	0,00175	0,00183
Verhältnis der Leistungen N_k / N_t . .		0,545	0,59	0,66
Temp. Ende Verbrennung T_c . . .	°C abs.	1280	1067	913
Temp. im Auspuff	°C (gew.)	470	374	280
Ölverbrauch auf 1 PS/h β	Gramm	218	235	262
Ges. Wirkungsgrad d. Anlage η_g .	vH.	**28,7**	**26,6**	**23,9**

Aus der vorliegenden Aufgabe können folgende Schlüsse allgemeiner Natur gezogen werden:

a) Die Zugabe von Wasser in den Verbrennungsraum einer Gasturbine ist ein wirksames Mittel, um die Temperatur des arbeitenden Mittels beliebig tief herabzusetzen. In dieser Hinsicht ist das Mittel gleichwertig mit der Verbrennung ohne Wasser, aber mit großem Luftüberschuß. In beiden Fälle sinkt aber der Wirkungsgrad.

b) Die Wirtschaftlichkeit der Gleichdruck-Gasturbine hängt davon ab, ob es gelingt, die Verbrennungsluft mit genügend kleinem Arbeitsaufwand — d. h. mit genügend kleinen Kosten — zu verdichten. Die Verdichtung im Kolbenkompressor mit besonderem Antrieb durch einen hochwertigen Dieselmotor ist nur angenommen worden, um den ausgesprochenen Satz zu beweisen. Es muß ohne weiteres zugegeben werden, daß man kaum dazu gelangen wird, einen Hilfsmotor mit Kompressor für 1600 PS zu bauen, damit die Gasturbine 3000 PS abgeben kann, sondern man wird eben den Dieselmotor mit 3000 PS für sich allein vorziehen. Die Rechnung zeigt aber, daß eine dieser Verdichterart gleichwertige Beschaffung der Druckluft imstande ist, die Gasturbine lebensfähig zu machen.

c) Die gefundenen Werte des Gesamtwirkungsgrades steigen in die Nähe der bei Verbrennungsmotoren bisheriger Bauart bekannten Zahlen, ohne die günstige Wirkung des Dieselmotors zu erreichen, immer in der Voraussetzung, daß die Druckluft in der vorausgesetzten günstigen Art beschaffen werden kann.

Würde z. B. die mehrstufige Gasturbine mit einem thermodynamischen Wirkungsgrad von 75 v H. arbeiten können, wie dies bei normalen Dampfturbinen leicht erreicht wird, so würde der Gesamtwirkungsgrad der berechneten Anlage von 28,7 auf 33,2 v. H. ansteigen, d. h. auf die Höhe des normalen Dieselmotors.

d) Als Nachteil der Wassereinspritzung kann angeführt werden, daß sich der Dampf im Auspuffrohr und namentlich im Vorwärmer anfängt zu kondensieren. In den Verbrennungsgasen befinden sich meistens kleine Mengen Schwefeldioxyd, die sich mit dem Wasser zu Schwefelsäure verbinden. Die dadurch bedingte rasche Zerstörung der Wärmeaustauschflächen läßt es ratsam erscheinen, die Abschwächung des Heizwertes durch einen großen Luftüberschuß zu bewirken, statt durch Einspritzen von Wasser.

17. Verpuffungsturbine mit Vorverdichtung.

Der thermische Prozeß in der Gasturbine kommt demjenigen im Kolbengasmotor am nächsten, wenn das verdichtete Gas-Luftgemisch in der Verbrennungskammer abgeschlossen und entzündet wird, so daß die Verbrennung bei unveränderlichem Volumen vor sich geht (Explosion). Erst nach dieser plötzlichen Wärmeentwicklung öffnet sich der Verbrennungsraum und es beginnt die Entleerung gegen die Düsen zu, wobei der Druck abnimmt. Dementsprechend sinkt auch die Ausflußgeschwindigkeit aus der Düsengruppe. Damit das Wiederauffüllen der neuen Ladung in der Verbrennungskammer ohne Druckabfall vor sich geht, öffnet man die Kammer für den Eintritt der neuen Ladung, sobald in ihr die Spannung auf den Druck des Ladegemisches gesunken ist. Nun schiebt die eintretende Ladung den Rest der Verbrennnungsgase vor sich her den Düsen zu. Ist die Kammer mit dem brennbaren Gemisch ganz angefüllt, so wird sie abgeschlossen, worauf die Entzündung von neuem erfolgt.

So lange die Kammer gegen die Düsen und gegen die Speiseleitung der Ladung offen steht, bleibt der Druck p_2 vor den Düsen gleich groß und die Ausflußgeschwindigkeit der Gase ebenfalls. Sobald die beiden Öffnungen der Kammer geschlossen werden, und die neue Explosion erfolgt, steigt der Druck beträchtlich (von p_2 auf p_3), unmittelbar darauf öffnet sich die Kammer gegen die Düsen und das Spiel beginnt von neuem.

Der beschriebene Vorgang ist im Entropie-Diagramm (Abb. 13) dargestellt. Die Verdichtung der Ladung vom Druck p_1 auf p_2 kann wieder isothermisch vorausgesetzt werden, und zwar berücksichtigen wir die Abweichung hiervon wie gewohnt im Wirkungsgrad des Kompressors. Durch die Abgase soll die verdichtete Ladung auf $T_b = 500^0$ vorgewärmt werden (Pumkt B), sofern nicht schon eine Erwärmung zufolge der Verdichtung stattgefunden hat. Beide Wärmequellen sind als Überschußwärmen aufzufassen und es ist ohne Belang, welche von beiden zur Vorwärmung der Druckluft verwendet wird.

Soll die Verbrennung ohne Zugabe von Wasser erfolgen, so ist B der Ausgangspunkt dieser Zustandsänderung bei konstantem Volumen v_2, die ihren Endpunkt E erreicht, wenn der ganze Heizwert zur Temperaturerhöhung ausgegeben worden ist. Diese Wärme ist dargestellt als Fläche unter der Linie BE.

Wir wollen nun den allgemeinen Fall behandeln und annehmen, es werden n kg Wasser auf m kg Gas in die Verbrennungskammer

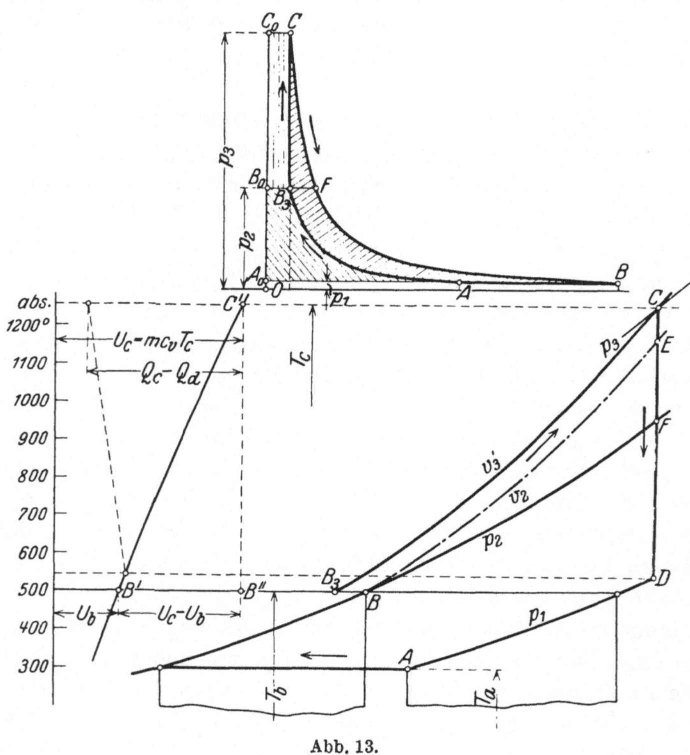

Abb. 13.

unmittelbar vor der Entzündung eingespritzt (auf 1 kg Gas $\lambda = n/m$ kg Wasser); zunächst müssen wir die Wirkung des entstehenden Wasserdampfes auf den Inhalt der Verbrennungskammer untersuchen, und zwar ist vom bekannten Volumen v_2 der verdichteten Ladung auszugehen. Wenn der Dampf allein diesen Raum einnehmen würde, so würde er unter dem Teildruck p'' stehen und das spezifische Volumen

$$v'' = v_2 / n \ \mathrm{m^3/kg}$$

aufweisen. In der Tafel für gesättigten Wasserdampf finden wir zu diesem Wert v'' den zugehörigen Teildruck p'' und die Sättigungstemperatur T''', ferner den Wärmeinhalt i' des Wassers und die innere Verdampfungswärme ϱ. Die äußere Verdampfungswärme kommt hier nicht in Betracht, da die Verdampfung bei unveränderlichem Volumen, also ohne äußere Arbeitsleistung vor sich geht.

Die Verdampfung und Überhitzung der eingespritzten Dampfmenge auf die Temperatur T_b benötigt die Wärme

$$Q_1 = n\,[i' - i_a + \varrho + c_v'(T_b - T'')],$$

worin c_v' die spezifische Wärme des überhitzten Wasserdampfes bei konstanten Volumen bedeutet. Diese Wärme Q_1 wird dem Heizwert Q_h entnommen; das neue Gemisch hat nun eine Gewichtsvermehrung erfahren; war es vor der Einspritzung 1 Mol, so beträgt es jetzt $1 + z$, wo $z = n/18$ die Molzahl Dampf auf 1 Mol Gas bedeutet.

Die fühlbare Wärmetönung beträgt nun

$$U_c - U_b = \frac{Q_h - Q_1}{1 + z}.$$

Hierbei ist, wie früher angenommen, die Verbrennungskammer sei durch Mantel und Wärmeschutzmittel vor Wärmeverlusten bewahrt; férner sind in vorstehender Rechnung Rückstände von der vorangehenden Verbrennung nicht in Rechnung gezogen.

Die berechnete Wärmetönung

$$U_c - U_b = m\,c_v\,(T_c - T_b)$$

ist die Zunahme der inneren Energie, hervorgerufen durch die Verbrennung. Wir tragen sie von B' aus wagrecht an die Wärmekurve, und ziehen vom Endpunkt B'' die Senkrechte aufwärts bis zum Schnitt C' mit der Wärmekurve, dessen Ordinate die Temperatur T_c am Ende der Verbrennung angibt. Die Zugabe von Wasser in den unveränderlichen Raum hat eine Vergrößerung des Gewichtes auf $1 + z$ Mol zur Folge, d. h. eine Verkleinerung des spezifischen Volumens und eine Vergrößerung des Druckes, und zwar ist nun

$$v_3' = \frac{v_2}{1 + z}\ \text{m}^3/\text{Mol}.$$

Die v-Linie verschiebt sich daher nach links, die Verbrennung beginnt bei B_3 und endigt im Punkt C, der mit C' in gleicher Höhe liegt. Damit ist auch der Enddruck der Explosion p_3 bestimmt. Die adiabatische Expansion $C\,D$ können wir aus zwei Teilen zusammengesetzt denken. Von C nach F nimmt der Druck vor der Düse von p_3 auf p_2 ab, was als teilweise Entleerung der Kammer anzusehen ist; ist im Punkt F der Druck p_2 erreicht, so muß sich das Einlaßventil öffnen, damit die nun einströmende frische Ladung den Rest der Verbrennungsprodukte verdrängt, wobei der Druck p_2 unverändert bleibt. Die ganze Entspannung erfolgt in einer Stufe und das vorhandene Wärmegefälle wird in einer Düsengruppe in Strömungsenergie umgesetzt. Im ersten Teil CF der Expansion nimmt die Geschwindigkeit an der Mündung der Düse ab, im zweiten Teil bleibt sie unverändert bis zur nächsten Explosion. Durch diese Veränderlichkeit wird der thermodynamische Wirkungsgrad ungünstig beeinflußt, er wird also unter dem bei Gleichdruckturbinen möglichen Wert einzuschätzen sein.

Die Turbine erhält eine Arbeit zur Verfügung gestellt, die für den vorliegenden Prozeß nicht einfach als Unterschied der Wärmeinhalte zu bestimmen ist, sondern aus dem Energiegesetz abgeleitet werden muß. Im Anfangszustand C der Expansion besitzt 1 kg des Kammerinhaltes die innere Energie u_c und hat die absolute Gasarbeit $A \cdot p_2 \cdot v_3$ aufgenommen, wobei v_3 das spezifische Volumen in B_3 bezogen auf 1 kg bedeutet; im Endzustand D sind diese Größen auf u_d und $A \cdot p_1 \cdot v_d$ gesunken, daher beträgt die verfügbare Arbeit

$$H_0 = (u_c + A\,p_2\,v_3) - (u_d + A\,p_1\,v_d).$$

Nun ist der Wärmeinhalt in den betreffenden Punkten definiert durch die Beziehung

$$i_c = u_c + A \cdot p_3\,v_3; \qquad i_d = u_d + A \cdot p_1\,v_d.$$

Durch Einsetzen ergibt sich

$$H_0 = (i_c - i_d) - A\,v_3\,(p_3 - p_2).$$

Die Richtigkeit dieser Beziehung wird auch ohne weiteres klar, wenn wir das pv-Diagramm dieses Prozesses zeichnen (Abb. 13). Darin stellt die ganze Fläche CDA_0C_0 den Unterschied der Wärmeinhalte dar. Von dieser Fläche ist die Arbeit des Kompressors abzuziehen, dargestellt durch den Abschnitt $AB_3B_0A_0$, außerdem die Rechteckfläche $B_3CC_0B_0$. Da in vorliegendem Fall vorausgesetzt ist, die Verdichtung erfolge durch einen besonderen Motor, ist nur die Rechteckfläche in der Gleichung für H_0 sichtbar.

Nun erhalten wir die Leistung der Turbine wie früher

$$N_t = \frac{(1 + \lambda)\,H_0\,(1 + L)\,B_t \cdot \eta_t}{632}.$$

Setzen wir voraus, es sei im Kompressor nur die Verbrennungsluft zu verdichten, so verlangt der zugehörige Kompressor die Leistung

$$N_k = \frac{Q_{is} \cdot L \cdot B_t}{632 \cdot \eta_k},$$

falls die Turbine flüssigen Brennstoff verarbeitet; nun fehlt nur noch die Arbeit zum Betrieb der Brennstoffpumpe und die Arbeit zum

Einpressen des Wassers in die Verbrennungskammer. Beide Werte sind gegenüber den übrigen Energiemengen verschwindend klein.

Wir verfolgen nun die Aufgabe an einem Zahlenbeispiel und erhalten dadurch einen Einblick in die gegenseitigen Verhältnisse.

Die Turbine soll die Gasölmenge $B_t = 360$ kg/h mit dem Luftüberschußverhältnis $k = 2$ verarbeiten. Nach früheren Rechnungen ist

Wirkliche Luftmenge auf 1 kg Gasöl $\qquad L = 28,0$ kg

Heizwert $\qquad Q_h = 10140$ kcal/Mol

Anfangsdruck der Verbrennungsluft $\qquad p_1 = 1$ at abs.

Enddruck der Verdichtung $\qquad p_2 = 10$ at abs.

Temperatur nach der Vorwärmung $\qquad T_b = 500^0$ abs.

Spezifisches Volumen nach der Vorwärmung

$$v_2 = \frac{848 \cdot 500}{100\,000} = 4,24 \ \text{m}^3/\text{Mol}$$

Einspritzwasser auf m kg Gas $\qquad n = 6$ kg

Molekulargewicht der Gasmischung $\qquad m = 28,9$

Einspritzwasser auf 1 kg Gas $\lambda = 6/28,9 \qquad = 0,207$ kg

Verhältnis der Molzahl Dampf zu Gas $\qquad z = 0,333$

Spezifisches Volumen des Dampfteiles $v'' = 4,24/6 \ = 0,706 \ \text{m}^3/\text{kg}$

Temperatur des Sattdampfes (Dampftafel) $\qquad t'' = 128^0$

Teildruck des Dampfes (Dampftafel) $\qquad p'' = 2,6$ at abs.

Wärmeinhalt des Wassers vor Einspritzung $\qquad i_a = 27$ kcal/kg

Wärmeinhalt des Wassers im Grenzzustand $\qquad i' = 129$ kcal/kg

Innere Verdampfungswärme $\qquad \varrho = 478$ kcal/kg

Spez. Wärme des Heißdampfes bei konst. Vol. $\qquad c_v' = 0,4$ kcal/kg

Gesamtwärme zur Dampfbildung

$$Q_1 = 6\,[129 - 27 + 478 + 0,4\,(227 - 128)] = 3720 \ \text{kcal/Mol}$$

Fühlbare Wärmetönung $\qquad U_c - U_b = \frac{10\,140 - 3720}{1,333} = 4820 \ \text{kcal/Mol}$

Spez. Volumen der Dampfgasmischung

$$v_3' = 4,24/1,333 = 3,18 \ \text{m}^3/\text{Mol}$$

Konstante b_m der spezifischen Wärme

$$b_m = \frac{0,00136 + 0,333 \cdot 0,0029}{1,333} = 0,00174$$

Molekulargewicht der Dampfgasmischung

$$m_0 = \frac{1,207 \cdot 28,9}{1,333} = 26,1$$

Temperatur Ende Verbrennung (aus Entropie-Diagramm)

$$T_c = 1257^0 \ \text{abs.}$$

Druck Ende Verbrennung $\qquad p_3 = \frac{848 \cdot 1257}{3,18} = 335\,000 \ \text{kg/m}^2$

Unterschied der Wärmeinhalte zwischen Anfang und
  Ende der Adiabate $Q_c - Q_d = 6050\ \text{kcal/Mol}$
  $$i_c - i_d = 6050/26{,}1 = 232\ \text{kcal/kg}$$
Spezifisches Volumen der Mischung $v_3 = 3{,}18/26{,}1 = 0{,}122\ \text{m}^3/\text{kg}$
Gleichdruckarbeit

$$Av_3\,(p_3 - p_2) = \frac{0{,}122\,(335\,000 - 100\,000)}{427} = 67\ \text{kcal/kg}$$

Adiabatisches Wärmegefälle $H_0 = 232 - 67 = 165\ \text{kcal/kg}$
Thermisch-dynamischer Wirkungsgrad der Turbine $\eta_t = 0{,}6$

Leistung der Turbine $N_t = \dfrac{1{,}207\cdot165\cdot360\cdot29\cdot0{,}6}{632} = 2000\ \text{PS}$

Isothermische Verdichtungsarbeit $Q_{is} = 47{,}3\ \text{kcal/kg}$
Wirkungsgrad des Kompressors $\eta_k = 0{,}75$

Leistungsbedarf des Kompressors $N_k = \dfrac{47{,}3\cdot28\cdot360}{632\cdot0{,}75} = 1000\ \text{PS}$

Brennstoffverbrauch der Turbine $B_t = 360\ \text{kg/h}$
  ,,   Kompr.-Motor $B_k = 0{,}174\cdot1000 = 174\ \text{kg/h}$
  ,,   im ganzen $B_t + B_k = 534\ \text{kg/h}$
  ,,   auf 1 Turbinenpferd $\beta = 0{,}267\ \text{kg/PSeh}$
Gesamtwirkungsgrad der Brennstoffausnutzung

$$\eta_g = \frac{632}{10\,100\cdot0{,}267} = 0{,}235\,.$$

IV. Sonderprobleme.

18. Aufladeverfahren für Kolbenmotoren mit Abgasturbine und Gebläse.

Um die Leistung eines Kolben-Verbrennungsmotors von bestimmten Zylinderabmessungen und gegebener Drehzahl zu erhöhen, bleibt nur noch ein Ausweg offen: man muß dafür sorgen, daß das Indikator-Diagramm einen größeren Flächeninhalt erhält. Zur Erhöhung des mittleren indizierten Druckes verlangt der Zylinder eine Vermehrung der Menge an Brennstoff und an Sauerstoff. Die erstere Bedingung kann die Brennstoffpumpe ohne besondere Einrichtung leicht erfüllen; dagegen ist die als „Aufladung" bezeichnete Vermehrung der Luftzufuhr nur möglich, wenn die Außenluft in verdichtetem Zustand zum Kolbenmotor gelangt. Zu dieser Vorverdichtung eignet sich ein Kreiselrad mit hoher Drehzahl am besten. Dieses Gebläse ist mit einer Abgasturbine unmittelbar gekuppelt, die möglichst nahe an die Auspuffleitung der Kolbenmaschine angeschlossen ist. Die Verbrennungsgase verlassen die Zylinder mit einem gewissen Überdruck: die Expansion erfolgt also jetzt in zwei Abschnitten, so daß von einer „Verbund"-Wirkung gesprochen werden kann.

Das Aufladeverfahren wurde zuerst für die Motoren der Kraftwagen und der Flugzeuge vorgeschlagen. Bei den letzteren bezweckt man damit nicht eine Leistungserhöhung, sondern die Erhaltung der Leistung, wenn das Flugzeug in große Höhen aufsteigt.

Für besondere Verhältnisse ist das Verfahren von Ob.-Ing. A. Büchi in Winterthur bei ortfesten Dieselmaschinen ausgebaut worden[1]; es läßt sich auch für die Diesellokomotive verwerten und zeichnet sich durch verschiedene Ausführungsmöglichkeiten aus.

Bei der einzylindrigen Viertaktmaschine erfolgt der Auspuff nur jeden vierten Kolbenhub und die Gasturbine empfängt das Treibmittel in stoßweisen Entladungen, sie arbeitet somit ähnlich wie die Verpuffungsturbine. Bei allen Anwendungen besteht aber der Motor aus

---

[1] S. Z. V. d. I. 1928. S. 421.

mehreren Zylindern (6 bis 8), wodurch wieder eine Gleichförmigkeit
in der Strömung entsteht, die für die Turbine von guter Wirkung ist.

Betrachten wir z. B. einen Viertaktmotor mit 6 Zylindern, deren
Kurbeln gegenseitig um 120^0 versetzt sind, so folgen sich die Auspuffstöße in denselben Perioden. Nach den Patetenten von Büchi wird
die durch Vorverdichtung gebildete Ladeluft gleichzeitig zum Ver-
drängen der Verbrennungsrückstände aus dem Verdichtungsraum benutzt. Zu diesem Zweck öffnet sich das Lufteinlaßventil vor dem
Ende des Auspuffhubes und das Auspuffventil schließt sich etwas
später. Damit diese Spülung eines Zylinders durch die Auspuffwelle
des benachbarten Zylinderinhaltes nicht gestört wird, erhalten je drei
Zylinder eine gemeinsame Auspuffleitung und es wird dafür gesorgt,
daß die Auspuffstöße jeder Zylindergruppe um je 240^0 voneinander ab-

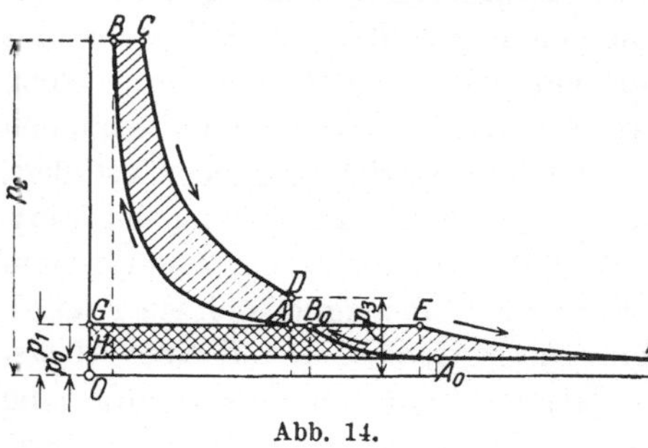

Abb. 14.

stehen. Bei dieser Anordnung
erfolgt die Spülung während
der Zeit des tiefsten Druckes
im Auspuffrohr. Die Abgase
strömen durch die beiden
Rohre zu zwei entsprechenden
Düsengruppen der Gasturbine,
die möglichst nahe am Dieselmotor aufgestellt ist.

Wie die nachfolgenden Be-
trachtungen zeigen, ergibt das
Aufladeverfahren eine bedeutende Steigerung der Leistung, ohne daß sich
die Temperaturen und die Drücke während der Verbrennung erhöhen. Es
ist daher zu erwarten, daß der Brennstoffverbrauch für 1 PS/h in den
gleichen Grenzen bleiben wird, wie beim alten Verfahren. Versuche
von Stodola haben gezeigt, daß der Verbrauch sogar noch günstiger
ausfällt, weil die Reibungsarbeit der Triebwerksteile in beiden Fällen
ungefähr gleich groß bleibt. Da der Motor mit Aufladung mehr leistet,
steigt sein mechanischer Wirkungsgrad recht beträchtlich.

Wir verfolgen zunächst den Prozeß an Hand des pv-Diagrammes
(Abb. 14) und nehmen an, die Außenluft werde in einem Turbokompressor von p_0 auf p_1 at abs. verdichtet ($A_0 B_0$), alsdann im Druck-
behälter auf die Anfangstemperatur abgekühlt ($B_0 A$). In diesem
Zustand strömt die Druckluft in den Arbeitsraum des Dieselmotors,
wo die eigentliche Verdichtung bis zum Verbrennungsdruck vor sich
geht (Adiabate $A B$), darauf folgt die Einspritzung und Verbrennung
in bekannter Weise ($B C$) und die Expansion ($C D$), die unterbrochen wird, sobald das arbeitende Gas dasselbe Volumen wie zu Beginn der Kompression erreicht hat. Wir setzen voraus, daß sich
das Auslaßorgan des Dieselmotors in diesem Augenblick öffnet ($D A$),

so daß die Entleerung der Zylinder ohne Zeitverlust vor sich geht. Dieser
bei konstantem Volumen erfolgende Druckabfall bedeutet für die
Kolbenmaschine den Wärmeentzug, die Fläche $ABCD$ stellt die geleistete Arbeit dar.

Die ausströmende Menge steht der Gasturbine zur Verfügung mit
einem Druck, der gleich ist dem Enddruck im Vorverdichter, das Volumen ist aber zufolge des Druckabfalles von p_3 auf p_1 größer geworden
(GE statt nur GA). In den Düsen der Turbine erfolgt nun die

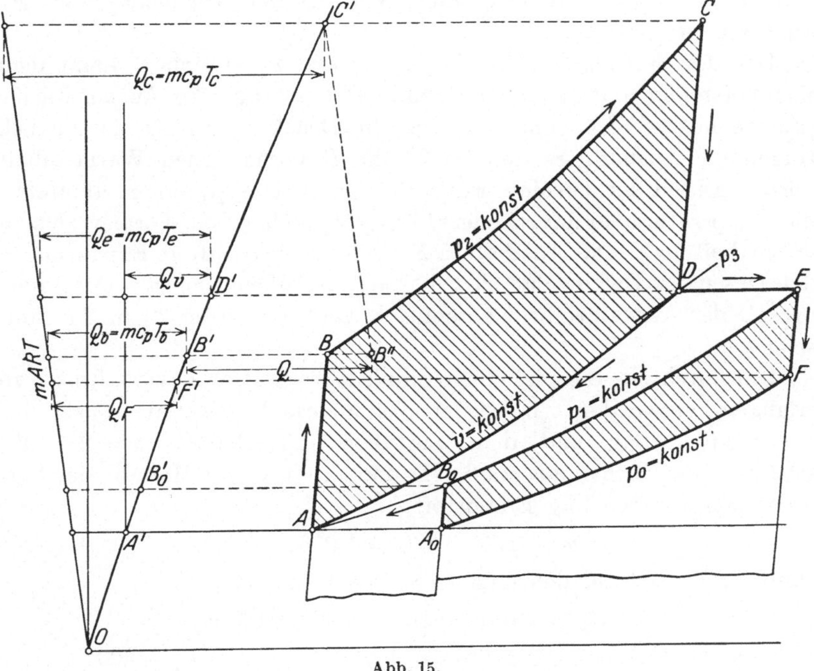

Abb. 15.

Expansion bis zum Außendruck p_0 (EF); endlich ist die Wärme-
ableitung durch den Auspuff als Gleichdrucklinie (FA_0) dargestellt.
Die Turbine leistet eine Arbeit, die durch die Fläche $GEFH$ dargestellt ist, gibt aber an den Turbokompressor die Arbeit $A_0 B_0 GH$ ab,
es bleibt demnach nur der Überschuß $A_0 B_0 EF$ als Arbeit nach außen
abzugeben.

Einen besseren Einblick in die Verhältnisse und eine zahlenmäßige
Bewertung des Verfahrens gibt das Entropie-Diagramm (Abb. 15), das
uns auch den Temperaturverlauf zeigt.

Der Ausgangspunkt ist A_0 ($p_0 = 1$ at abs., $T_0 = 300^0$ abs.). Wir
nehmen adiabatische Kompression der Luft im Turbokompressor auf
p_1 abs. an und berücksichtigen die Widerstände im adiabatischen Wir-

kungsgrad η_{ad}. Durch die Abkühlung der Druckluft $(B_0 A)$ ergibt sich der Anfangspunkt A der Kompression im Dieselmotor, die angenommene Adiabate endigt bei B auf der p_2-Linie.

In B setzt die Verbrennung ein, die wir der Einfachheit halber ausschließlich bei konstantem Druck annehmen wollen. Durch Auftragen der wirksamen Wärme $Q = B'B''$ an die Wärmekurve und Ziehen der Parallelen $B''C'$ erhalten wir in gewohnter Weise den Endpunkt C der Verbrennung und in der Strecke CD die adiabatische Expansion, womit das Diagramm $ABCD$ der Kolbenmaschine geschlossen ist.

Um den Kreisprozeß in der Gasturbine zu erkennen, kann man sich vorstellen, die Ladeluft (Punkt A) empfange die Auspuffwärme (Fläche unter AE), ohne daß sich ihr Druck p_1 ändert, tatsächlich tragen die Auspuffgase den im Punkt D vorhandenen Wärmeinhalt vor die Düsen der Turbine, wobei der Druck von p_3 auf p_1 abnimmt, die Temperatur aber unverändert bleibt (abgesehen von Wärmeverlusten durch Leitung). Die Adiabate EF stellt die verlustfreie Expansion in den Düsen der Turbine dar, sie geht bis zum Außendruck p_0. Der Kreisprozeß der Abgasturbine ist demnach vom Linienzug $A_0 B_0 EF$ umschlossen.

Um durch ein Beispiel einen Einblick in die Größenverhältnisse zu erlangen, verwenden wir wieder das mehrfach erwähnte Gasöl mit $h = 10110$ kcal/kg und dem Luftüberschußverhältnis $k = 2$. Wir schätzen die Rückstände zu 6 vH. und erhalten als Molzahl der Verbrennungsgase auf 1 kg Brennstoff

$$m = 1{,}06 \cdot 0{,}996 = 1{,}056,$$

damit ergibt sich für den umgerechneten Heizwert

$$Q_h = 10110/1{,}056 = 9590 \text{ kcal/Mol}.$$

Wir wählen ferner $\qquad p_0 = 1$ at $\qquad\qquad T_0 = 300^0$

Aufladedruck $\qquad\qquad\quad p_1 = 1{,}5$ at abs. $\qquad T_1 = 300^0$

Druck während der Verbrennung $\qquad\qquad\qquad p_2 = 40$ at abs.

Für die Kompression $\qquad\quad b = 0{,}001,$

Für die Expansion $\qquad\quad\; b = 0{,}00136.$

Mit diesen Werten kann das Entropie-Diagramm (Abb. 15) gezeichnet werden. Seine Endpunkte ergeben folgende Hauptwerte für die Kolbenmaschine:

Punkt		A	B	C	D
Druck	at abs.	1,5	40	40	5,66
Temperatur T	^{0}C	300	743	1793	1133
„ t	^{0}C	27	470	1520	860
Volumen	m³/Mol	16,96	1,58	3,80	16,96
Wärmen	kcal/Mol	2080	5400	14200	8550

Aus dem Diagramm erhält man für die mit den Abgasen fortfließende Wärme

$$\dot{Q}_v = 4800 \text{ kcal/Mol}$$

und die nutzbare Wärme stellt sich auf

$$Q_n = 8800 - 4800 = 4000 \text{ kcal/Mol}.$$

Für den Kreisprozeß der Abgasturbine sind die Ecken durch folgende Werte gekennzeichnet

Punkt		A_0	B_0	E	F
Druck	at abs.	1,0	1,5	1,5	1,0
Temperatur T	. °C	300	337	1133	1020
„ t	°C	27	64	860	747
Volumen	m³/Mol	25,4	19,1	64,0	86,5
Wärmen	kcal/Mol	2080	2340	8550	7650

Mit diesen Werten berechnet sich die an der Turbine verfügbare Wärme

$$Q_e - Q_f = 8550 - 7650 = 900 \text{ kcal/Mol}$$

und die zur Verdichtung nötige Wärmeenergie bei adiabatischer Verdichtung

$$Q_{ad} = 2340 - 2080 = 260 \text{ kcal/Mol}.$$

Wählen wir für den mechanischen Wirkungsgrad in Rücksicht auf die verhältnismäßig kleinen Zylinderabmessungen

$$\eta_m = 0{,}82$$

und nehmen an, die Turbinenleistung werde gerade vom Kompressor aufgezehrt, so kommt für den Gesamtwirkungsgrad nur die Nutzleistung der Kolbenmaschine in Betracht und man erhält

$$\eta_g = \frac{4000 \cdot 0{,}82}{9590} = 0{,}342.$$

Der Brennstoffverbrauch beträgt somit

$$\beta = \frac{632}{10110 \cdot 0{,}342} = 0{,}183 \text{ kg/PS}_e\text{/h}$$

und der mittlere Druck des pv-Diagrammes kommt auf

$$p_i = \frac{Q_n}{A(v_a - v_b)} = \frac{4000 \cdot 427}{16{,}96 - 1{,}58} = 111000 \text{ kg/m}^2 \text{ oder } 11{,}1 \text{ at}.$$

Vergleichen wir dieses Ergebnis mit dem gewöhnlichen Dieselverfahren, das den mittleren Druck von 7 at bei Vollast ergibt bei einem mechanischen Wirkungsgrad von 75 vH., so ergibt sich ein Leistungsverhältnis von

$$\frac{11{,}1 \cdot 0{,}82}{7 \cdot 0{,}75} = 1{,}75.$$

Bei den gewählten Annahmen ist demnach die Leistungserhöhung recht beträchtlich.

Die Schweizerische Lokomotiv- und Maschinenfabrik Winterthur hat kürzlich einen Motor nach System Büchi gebaut mit folgenden Abmessungen

Zylinderdurchmesser	$D = 560$ mm; $F = 0{,}246$ m^2
Kolbenhub	$S = 640$ mm
Drehzahl in der Minute	$n = 167$
Anzahl Zylinder	6
Mittlere Kolbengeschwindigkeit	3,55 m/sek.

Das von den 6 Kolben in der Sekunde beschriebene Volumen beträgt somit

$$V = \frac{6 \cdot F \cdot S \cdot n}{2 \cdot 60} = 1{,}31 \ \text{m}^3/\text{sek}$$

und die Nutzleistung an der Hauptwelle

$$N_e = \frac{V \cdot p_i \cdot \eta_m}{75} = \frac{1{,}31 \cdot 111\,000 \cdot 0{,}82}{75} = 1580 \ \text{PS}_e.$$

Nun sind noch die Hauptwerte für die Abgasturbine und den Kompressor zu berechnen.

Die Gewichtsmenge G (kg/sek) der Auspuffgase ist bestimmt durch das von den Kolben ausgestoßene Volumen V (m^3/sek) und durch den entsprechenden Unterschied in den Volumen auf 1 Mol am Anfang und am Ende des Ausstoßens; es besteht daher die Beziehung

$$m V = G (v_d - v_b)$$

oder in unserem Fall

$$G = \frac{28{,}9 \cdot 1{,}31}{16{,}96 - 1{,}58} = 2{,}46 \ \text{kg/sek}.$$

Das theoretische Wärmegefälle ist gegeben durch den Unterschied $Q_e - Q_f$ der Wärmeinhalte am Anfang und am Ende der adiabatischen Ausdehnung in den Düsen der Turbine. In Abb. 15 ist der ideale Fall gezeichnet, d. h. es sind die nicht unbedeutenden Verluste an Wärme und an Druck auf dem Wege vom Dieselmotor bis vor die Düsen nicht berücksichtigt. Schätzen wir diese Verluste in vorliegendem Beispiel zu 30 v H., so erhalten wir für das der Turbine zur Verfügung stehende Wärmegefälle

$$H_0 = \left(\frac{Q_e - Q_f}{m} \right) 0{,}7 = \frac{900 \cdot 0{,}7}{28{,}9} = 21{,}8 \ \text{kcal/kg}.$$

Mit dem thermodynamischen Wirkungsgrad der Turbine von $\eta_t = 0{,}6$ erhalten wir ihre Nutzleistung

$$N_t = \frac{427 \cdot H_0 \cdot G \, \eta_t}{75} = \frac{427 \cdot 21{,}8 \cdot 2{,}46 \cdot 0{,}6}{75} = 183 \ \text{PS}.$$

Die Gewichtsmenge der Verbrennungsgase hat sich gebildet aus der Brennstoffmenge

$$B = \frac{0{,}183 \cdot 1580}{3600} = 0{,}08 \text{ kg/sek}$$

und der Luftmenge

$$G_l = 2{,}46 - 0{,}08 = 2{,}38 \text{ kg/sek}.$$

Diese Ladeluft muß im Turbokompressor von 1 auf 1,5 at abs. verdichtet werden. Erfolgt diese Zustandsänderung nach der Adiabate, so ist dazu an Arbeit $Q_{ad} = 9{,}0$ kcal/kg nötig. Nehmen wir als Wirkungsgrad dieser Umsetzung $\eta_{ad} = 0{,}7$ an, so beträgt die Leistungsaufnahme des Verdichters

$$N_k = \frac{427 \cdot Q_{ad} \cdot G_l}{75 \cdot \eta_{ad}} = \frac{427 \cdot 9 \cdot 2{,}38}{75 \cdot 0{,}7} = 174 \text{ PS}.$$

Die Turbine reicht demnach aus, um den Verdichter anzutreiben.

19. Energieübertragung mittels Gasen.

Die Leistung eines Dieselmotors kann an eine andere Welle übertragen werden durch Zwischenschaltung von Luft oder Wasserdampf als Treibmittel. Die Welle des Motors ist mit einem Kompressor gekuppelt; das darin verdichtete Gas dient als Treibmittel für die sekundäre Kraftmaschine. Damit läßt sich ein beliebiges Übersetzungsverhältnis zwischen den beiden Wellen einhalten; die Luft- oder Dampfmaschine kann mit altbekannten Mitteln umgesteuert werden, ohne daß die primäre Maschine ihren Drehsinn wechseln muß, die Lagen beider Maschinen sind unabhängig voneinander. Als besonderer Vorteil ist zu erwähnen, daß die Wärme der Abgase ausgenutzt werden kann, um das Übertragungsmittel vorzuwärmen.

Von den zahlreichen Vorschlägen dieser Art seien folgende herausgegriffen:

a) **Übertragung mit Druckluft.** Der Dieselmotor gibt seine ganze Leistung an den mit ihm zusammengebauten Luftkompressor ab; die erzeugte Druckluft wird auf ihrem Weg zur sekundären Kraftmaschine von den Abgasen des Motors vorgewärmt. Für ortfeste Anlagen ist eine Anwendung dieses Gedankens wohl ausgeschlossen, dagegen kommt er für die Diesel-Lokomotive in Betracht. Eine derartige Druckluftlokomotive hat Dunlop 1910 in Vorschlag gebracht, in neuester Zeit ist eine solche für die deutsche Reichsbahn ausgeführt worden[1].

Die ganze Bauart lehnt sich möglichst eng an die bestehenden Dampflokomotiven an, man hat nur nötig, an Stelle des Dampfkessels den Dieselmotor mit Kompressor zu setzen. Die Druckluft strömt

---

[1] Z. V. d. I. 1925. S. 635.

nach vollzogener Vorwärmung in die alten Arbeitszylinder der gewöhnlichen Ausführung.

Berücksichtigt man alle Verluste der Brennstoffausnutzung bis zum Zughacken, so ergibt sich ein Gesamtwirkungsgrad von 20 bis 25 vH., während die besten Heißdampf-Verbund-Lokomotiven nur 8 bis höchstens 9 vH. der Brennstoffwärme als Arbeit an den Zughacken abgeben.

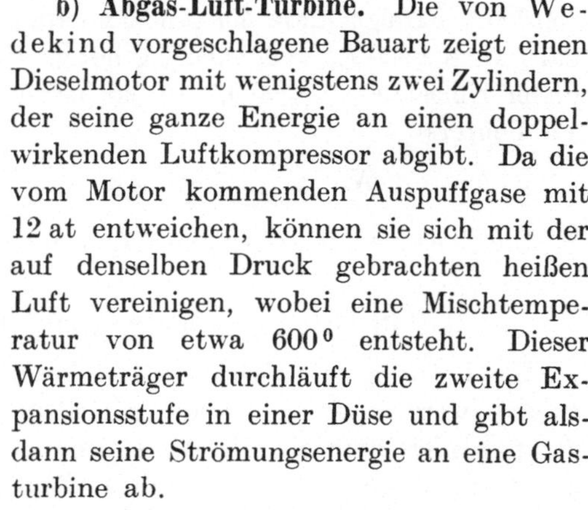

Abb. 16.

b) **Abgas-Luft-Turbine.** Die von We dekind vorgeschlagene Bauart zeigt einen Dieselmotor mit wenigstens zwei Zylindern, der seine ganze Energie an einen doppelwirkenden Luftkompressor abgibt. Da die vom Motor kommenden Auspuffgase mit 12 at entweichen, können sie sich mit der auf denselben Druck gebrachten heißen Luft vereinigen, wobei eine Mischtemperatur von etwa 600° entsteht. Dieser Wärmeträger durchläuft die zweite Expansionsstufe in einer Düse und gibt alsdann seine Strömungsenergie an eine Gasturbine ab.

Das Entropie-Diagramm dieses Prozesses zeigt eine erste Expansionslinie bis zu 12 at, durch die Mischung beider Stoffe erfolgt eine Temperaturerhöhung, worauf sich die zweite Expansion in der Düse der Gasturbine anschließt, die bis zum Außendruck reicht. Eine Steigerung der Wärmeausnutzung wäre dadurch möglich, wenn die noch warmen Abgase der Turbine zur Vorwärmung der Ansaugeluft für den Dieselmotor benutzt würden. Dadurch würden allerdings auch die Zylinderabmessungen des Motors wachsen.

c) **Übertragung mit Dampf.** Verwendet man als Übertragungsmittel für die Diesel-Lokomotive Wasserdampf, so ist der Zusammenhang mit der alten Maschinengattung am besten gewahrt. Der Kreisprozeß muß aber völlig geschlossen sein; es wird dies dadurch erreicht, daß der aus den Dampfzylindern ausströmende Dampf dem Kompressor wieder zufließt und dort auf 10 bis 15 at verdichtet wird. Die Auspuffgase des Dieselmotors besorgen zum größten Teil die Überhitzung.

In Abb. 16 ist das Entropie-Diagramm (TS-Diagramm) dieses Vorganges gezeichnet. Der Dampf kommt von der sekundären Kraftmaschine mit 2 at abs. im trocken gesättigten Zustand zum Kompressor (Punkt A) und wird in 2 Stufen ($A\,B$, $C\,D$) auf 13 at verdichtet. Es ist leicht einzusehen, daß auch hier die Zwischenkühlung von Vorteil ist, da sie den Aufwand an Verdichtungsarbeit verkleinert. Sogar die Mantelkühlung an den Zylindern könnte aus dem gleichen Grunde günstig wirken. Sollte der angesaugte Dampf etwas Feuchtigkeit mit-reißen, so kann dies nichts schaden, es entsteht sogar der Vorteil, daß damit Kompressionswärme gebunden wird, wobei ein Nachdampfen stattfindet. In solchen Fällen würde die Verdichtungslinie nicht nach der in Abb. 16 angedeuteten Adiabaten $A\,B$ verlaufen, sondern als polytropische Linien schräg links aufsteigen.

Der verdichtete Dampf kommt nun in schwach überhitztem Zustand in den Sammelbehälter, wo er durch die Auspuffgase weiter überhitzt wird (auf 370°) ($D\,E$). Auf seinem Weg zu den Dampfmaschinen ver-liert er etwas an Druck und an Temperatur ($E\,F$); endlich erfolgt die adiabatische Expansion ($F\,G$), die den Dampf in die Nähe des Sättigungszustandes bringt.

Um einen zahlenmäßigen Einblick in die Verhältnisse zu erlangen, wollen wir einen Dieselmotor von $N_e = 1000$ PS voraussetzen, der an Gasöl $B = 190$ kgh verbraucht. Der Wärmeverbrauch beträgt somit für den Dieselmotor

$$Q = 10000 \cdot 190 = 1\,900\,000 \text{ kcal/h}.$$

Für die gezeichneten Eckpunkte lassen sich folgende Werte ab-lesen:

Eckpunkte		A	B	C	D	E	F	G
Druck	at	2,0	5	5	13	13	12	2
Temperatur	°C	119,6	212	151	256	370	360	142
Wärmeinhalt	kcal/kg	646	690	657	706	765	760	658

Damit ergibt sich als Verdichtungsarbeit

$$A\,L = (690 - 646) + (706 - 657) = 93 \text{ kcal/kg}.$$

Da der Kompressor mit dem Motor eng zusammengebaut werden kann, darf sein mechanischer Wirkungsgrad hoch eingeschätzt werden. Mit $\eta_m = 0{,}92$ ergibt sich aus

$$N_e = \frac{(A\,L) \cdot G}{632 \cdot \eta_m}$$

die Dampfmenge in der Stunde

$$G = \frac{632 \cdot 1000 \cdot 0{,}92}{93} = 6250 \text{ kg/h}.$$

Würde diese Menge in einem Dampfkessel mit der Verdampfungsziffer 6,5 erzeugt werden müssen, so würde der Verbrauch an Steinkohlen betragen (Heizwert 6800 kcal/kg)

$$B = 6250/6{,}5 = 960 \text{ kg/h}$$

und der Verbrauch an Wärme

$$Q = 960 \cdot 6800 = 6\,530\,000 \text{ kcal/h},$$

das ist das 3,4fache des Wärmeverbrauchs im Dieselmotor.

Der Grund für dieses günstige Ergebnis liegt darin, daß die Verdampfungswärme bei der Übertragung nicht verloren geht. Der Dieselmotorkompressor hat nur die Spannung des vorhandenen Dampfes zu erhöhen, auch die Überhitzung wird zum größten Teil kostenlos besorgt.

Die adiabatische Expansion (FG) von 12 auf 2 at abs. ergibt ein theoretisches Wärmegefälle von

$$H_0 = 760 - 658 = 102 \text{ kcal/kg}$$

und die verlustfreie Leistung der sekundären Kraftmaschine beträgt

$$N_{ad} = \frac{6250 \cdot 102}{632} = 1000 \text{ PS}.$$

Zum Vergleich mit anderen Systemen ist nur noch der thermodynamische Wirkungsgrad der Dampfmaschine zu wählen, der in unserem Fall gleichbedeutend ist mit dem Leistungsverhältnis zwischen Dieselmotor und Dampfmschine. Bei neuzeitlicher Ausführung wird diese Zahl den Betrag von 70 vH. kaum überschreiten können; die Nutzarbeit kommt also im besten Fall auf 700 PS zu stehen, oder auf etwa 600 PS auf den Zughacken bezogen.

Hieraus ergibt sich als Schlußfolgerung, daß die Diesel-Dampflokomotive wohl als Fortschritt zu betrachten ist im Vergleich zum gewöhnlichen Dampfbetrieb; dagegen ist das Umsetzungsverhältnis an sich zwischen Motor und Leistung am Zughacken unbefriedigt. Zu dem gleichen Ergebnis wird man bei der Übertragung mit Luft kommen. Auch die von Zarlatti vorgeschlagene Übertragung mit einem Gemisch von Luft und Wasserdampf kann das Ergebnis nicht verbessern.

Das Problem der Diesel-Lokomotive kann erst als gelöst betrachtet werden, wenn es gelingt, die Motorleistung unmittelbar auf die Triebräder zu übertragen, mit der Forderung, daß bei kleinen Zugsgeschwindigkeiten große Zugkräfte entwickelt werden können.

Dampf- und Gasturbinen. Mit einem Anhang über die Aussichten der Wärmekraftmaschinen. Von Prof. Dr. phil. Dr.-Ing. **A. Stodola,** Zürich. Sechste Auflage. Unveränderter Abdruck der V. Auflage mit einem Nachtrag nebst Entropie-Tafel für hohe Drücke und B^1T-Tafel zur Ermittelung des Rauminhaltes. Mit 1138 Textabbildungen und 13 Tafeln. XIII, 1109 und 32 Seiten. 1924. Gebunden RM 50.—

Nachtrag zur fünften Auflage von Stodolas Dampf- und Gasturbinen nebst Entropie-Tafel für hohe Drücke und B^1T-Tafel zur Ermittelung des Rauminhaltes. Mit 37 Abbildungen und 2 Tafeln. 32 Seiten. 1924. RM 3.—

Dieser der 6. Auflage angefügte Nachtrag ist auch als Sonderausgabe einzeln zu beziehen, um den Besitzern der 5. Auflage des Hauptwerkes die Möglichlichkeit einer Ergänzung auf den Stand der 6. Auflage zu bieten.

Das Entwerfen und Berechnen der Verbrennungskraftmaschinen und Kraftgas-Anlagen. Von Maschinenbaudirektor Dr.-Ing. e. h. **Hugo Güldner,** Aschaffenburg. Dritte, neubearbeitete und bedeutend erweiterte Auflage. Mit 1282 Textfiguren, 35 Konstruktionstafeln und 200 Zahlentafeln. XX, 789 Seiten. Dritter, unveränderter Neudruck 1922. Gebunden RM 42.—

Skizzen von Gas- und Ölmaschinen. Zusammengestellt von ˙ Prof. **R. Schöttler †,** Braunschweig. (Aus Schöttler, „Die Gasmaschine", fünfte Auflage, und anderen Werken.) Vierte, neubearbeitete Auflage. 44 Seiten. 1924. RM 2.70

Öl- und Gasmaschinen (Ortfeste und Schiffsmaschinen). Ein Handbuch für Konstrukteure, ein Lehrbuch für Studierende von Prof. **H. Dubbel,** Ingenieur. Mit 519 Textabbildungen. VI, 446 Seiten. 1926. Gebunden RM 37.50

Schiffs-Ölmaschinen. Ein Handbuch zur Einführung in die Praxis des Schiffsölmaschinenbetriebes. Von Direktor Dipl.-Ing. Dr. **Wm. Scholz,** Hamburg. Dritte, verbesserte und erweiterte Auflage. Mit 188 Textabbildungen und 1 Tafel. VI, 270 Seiten. 1924. Gebunden RM 13.50

Ölmaschinen, ihre theoretischen Grundlagen und deren Anwendung auf den Betrieb unter besonderer Berücksichtigung von Schiffsbetrieben. Von Marine-Oberingenieur a. D. **Max Wilh. Gerhards.** Zweite, vermehrte und verbesserte Auflage. Mit 77 Textfiguren. VIII, 160 Seiten. 1921. Gebunden RM 5.80

Die Ölfeuerungstechnik. Von **O. A. Essich.** Dritte, vermehrte und verbesserte Auflage. Herausgegeben von Dipl.-Ing. **H. Schönian** und Dr.-Ing. **G. Brandstäter.** Mit 253 Textabbildungen. VI, 128 Seiten. 1927. RM 8.—

Das Heizöl (Masut). Von **E. Davin.** Deutsche Bearbeitung von Dr. **Ernst Brühl.** Mit einem Geleitwort von Prof. Dr. Fritz Frank. Mit 2 Textabbildungen und 3 Zahlentafeln. IV, 62 Seiten. 1925. RM 3.60

Der Bau des Dieselmotors. Von Prof. **Kamillo Körner**, Prag.

Zweite, wesentlich vermehrte und verbesserte Auflage. Mit 744 Abbildungen im Text und auf 8 Tafeln. VI, 531 Seiten. 1927. Gebunden RM 73.50

Schnellaufende Dieselmaschinen. Beschreibungen, Erfahrungen,

Berechnung, Konstruktion und Betrieb. Von Marinebaurat a. D. Prof. Dr.-Ing. **O. Föppl**, Braunschweig, Oberingenieur Dr.-Ing. **H. Strombeck**, Leunawerke, und Prof. Dr. techn. **L. Ebermann**, Lemberg. Dritte, ergänzte Auflage. Mit 148 Textabbildungen und 8 Tafeln, darunter Zusammenstellungen von Maschinen von AEG, Benz, Daimler, Danziger Werft, Deutz, Germaniawerft, Görlitzer M.-A., Körting und MAN Augsburg. VII, 239 Seiten. 1925.
Gebunden RM 11.40

Der Einblase- und Einspritzvorgang bei Dieselmaschinen. Der Einfluß der Oberflächenspannung auf die Zerstäubung. Von

Dr.-Ing. **Heinrich Triebnigg**, Assistent an der Lehrkanzel für Verbrennungskraftmaschinenbau der Technischen Hochschule Graz. Mit 61 Abbildungen im Text. VI, 138 Seiten. 1925. RM 11.40; gebunden RM 12.90

(Verlag von Julius Springer in Wien.)

Rationeller Dieselmaschinen-Betrieb. Anleitung für Betrieb,

Instandhaltung und Reparatur ortfester Viertakt-Dieselmaschinen. Von **Josef Schwarzböck**. Mit 62 Abbildungen im Text. VI, 143 Seiten. 1927.
RM 8.—; gebunden RM 9.—

Die Hochleistungs-Dieselmotoren. Von **M. Seiliger**, Ingenieur-

Technolog. Mit 196 Abbildungen und 43 Zahlentafeln im Text. VI, 240 Seiten. 1926. RM 17.40; gebunden RM 18.90

Kompressorlose Dieselmotoren und Semidieselmotoren. Von Dipl.-Ing. **M. Seiliger**. Mit etwa 280 Abbildungen und

43 Zahlentafeln. Etwa 320 Seiten. Erscheint im Herbst 1928.

Außergewöhnliche Druck- und Temperatursteigerungen bei Dieselmotoren. Eine Untersuchung von Dr.-Ing. **R. Colell**.

Mit 26 Textfiguren. IV, 70 Seiten. 1921. RM 2.40

Diesellokomotiven und ihr Antrieb. Von Dipl.-Ing. **Wilhelm**

Bauer, Heidelberg. Mit 50 Abbildungen im Text. VIII, 96 Seiten. 1925.
Steif kartoniert RM 8.70

(C. W. Kreidels Verlag, München.)